INDUSTRIAL ENGINEER

CONSTRUCTION SAFETY

건설안전
산업기사 실기

필답형 작업형

예문사

차 례
Industrial Engineer Construction Safety

1권 건설안전산업기사 실기[필답형]

2권 건설안전산업기사 실기[작업형]

Contents

Subject 01 건설시공

Subject 02 건설안전

Subject 03 산업안전보건법(규칙)

Contents

Subject 04 건설기계

Subject 05 부록

Subject 01

건설시공

실기 3차 징의안

Industrial Engineer Construction Safety

Contents

■ 예상문제풀이

예상문제풀이

■ Industrial Engineer Construction Safety

출제분야	건설시공
작업명	거푸집작업

동영상 설명 아파트 건설현장에서 거푸집 조립작업 중이다.

문제 이 거푸집의 명칭과 장점을 3가지 쓰시오.

해답 (1) 명칭

갱폼(Gang Form)

(2) 장점

① 공사기간 단축

② 벽체 거푸집과 작업발판의 일체형으로, 비계 불필요

③ 설치·해체가 용이함

④ 전용성 증대

① 벽체

② 큰 보

③ 기둥

④ 작은 보

⑤ 슬래브

동영상 설명 거푸집 조립 작업 단계별 모습을 보여주고 있다.

문제 거푸집 조립순서에 맞게 나열하시오.

해답 ③ 기둥 → ① 벽체 → ② 큰 보 → ④ 작은 보 → ⑤ 슬래브

동영상 설명 교량의 교각 거푸집을 보여주고 있다.

문제 교각, 사일로, 굴뚝 등과 같이 수직적으로 연속된 구조물에 사용되는 거푸집 공법의 명칭 과 특징을 쓰시오.

해답 (1) 명칭
슬라이딩 폼(Sliding Form)

(2) 특징
① 요크(Yoke)로 거푸집을 수직으로 연속 이동시키면서 콘크리트 타설
② 돌출물 등 단면 형상의 변화가 없는 곳에 적용
③ 공기단축 및 거푸집 제거 등 소요인력 절약
④ 일체성 확보

출제분야	건설시공
작업명	철근작업

 교량 교각의 철근이 배근된 모습을 보여주고 있다.

🏢 문제 장래에 이음 등을 고려한 노출된 철근의 보호방법을 3가지 쓰시오.

➡해답 ① 비닐을 덮어 습기를 방지한다.
② 철근에 방청도료를 도포해서 부식을 방지한다.
③ 철근의 변위, 변형을 방지하기 위해 철망이나 철사로 단단히 묶어 고정한다.

동영상 설명 교량 기초와 교각 하부의 철근 배근작업을 진행 중이다.

문제 기초에서 주철근에 가로로 들어가는 철근의 역할과 기둥에서 전단력에 저항하는 철근의 이름을 쓰시오.

해답 (1) 가로로 들어가는 철근의 역할 : 주철근 구속으로 좌굴 방지, 주철근의 간격 유지
(2) 전단력에 저항하는 철근 이름 : 띠철근

 철근 가공작업이 진행 중이다.

 철근 가공 시 반드시 갈고리(Hook)를 만들어야 하는 부위를 2개소만 쓰시오.

해답 ① 원형 철근의 말단부
② 캔틸레버근
③ 단순보의 지지단
④ 굴뚝 철근
⑤ 보, 기둥 철근

철근이 이음된 모습을 보여주고 있다.

[문제] 철근의 이음방법을 3가지 쓰시오.

[해답] ① 겹침 이음
② 용접 이음
③ 가스 압접

| 출제분야 | 건설시공 |
| 작업명 | 콘크리트 타설작업 |

 콘크리트 타설작업이 진행 중이다.

 다음 기계의 명칭을 쓰고 빈칸을 채우시오.

콘크리트는 신속하게 운반하여 즉시 치고, 충분히 다져야 한다. 비비기로부터 치기가 끝날 때까지의 시간은 원칙적으로 외기온도가 (①)도씨를 넘었을 때는 (②)시간을, (③)도씨 이하일 때는 (④)시간을 넘어서는 안 된다.

➡해답 (1) 명칭 : 콘크리트 믹서 트럭
　　　(2) 빈칸 : ① 25, ② 1.5, ③ 25, ④ 2

다음 건설기계의 명칭과 회전하는 이유를 쓰시오.

➡해답 (1) 명칭 : 콘크리트 믹서 트럭
　　　(2) 회전하는 이유 : 콘크리트 경화방지, 재료분리 방지

동영상설명 Precast Concrete 제품의 제작과정을 보여주고 있다.

문제 동영상을 보고, 보기를 참고하여 올바른 (1) 제작순서를 나열하고, Precast Concrete의 (2) 장점을 3가지만 쓰시오.

[보기]		
① 거푸집 제작　　② 양생		③ 철근 배근 및 조립
④ 콘크리트 타설　　⑤ 선 부착품(인서트, 전기부품 등) 설치		⑥ 청소
⑦ 마감　　⑧ 탈형		

해답 (1) 제작순서

　　①→⑤→③→④→②→⑦→⑧→⑥

　　① 거푸집 제작　　　　② 선 부착품(인서트, 전기부품 등) 설치
　　③ 철근 배근 및 조립　④ 콘크리트 타설
　　⑤ 양생　　　　　　　⑥ 마감
　　⑦ 탈형　　　　　　　⑧ 청소

　(2) 장점

　　① 좋은 품질의 콘크리트 부재를 생산 가능
　　② 기계화 작업으로 공기단축
　　③ 기상과 관계없이 작업 가능

출제분야	건설시공
작업명	교량공사

① 주두부 시공

② Form Traveller 설치

③ 마무리 및 완료

④ 측경간 시공

⑤ Key Segment 시공

⑥ Segment 시공

동영상설명 교량 상부에서 공사가 진행 중이다.

문제 교량공사인 외팔보 공법(F.C.M)의 시공순서대로 번호를 쓰시오.

해답 ① 주두부 시공 → ② Form Traveller 설치 → ⑥ Segment 설치 → ⑤ Key Segment 시공 → ④ 측경간 시공 → ③ 마무리 및 완료

문제 교량공사의 공법명을 쓰고, 특징을 설명하시오.

해답 (1) 공법명

FCM 공법(Free Cantilever Method)

(2) 특징

F.C.M 공법은 교각 위에서 교각 양쪽의 교축방향으로 특수한 가설장비(Form Traveller)를 이용하여 한 개의 세그먼트(Segment, 3~4m)씩 콘크리트를 타설하고 Prestress를 도입하여 연결해 나가는 교량 상부 가설공법이다.

문제 교량공사(F.C.M)의 시공순서를 쓰시오.

해답 ① 주두부 시공 → ② Form Traveller 설치 → ⑥ Segment 설치 → ⑤ Key Segment 시공 → ④ 측경간 시공 → ③ 마무리 및 완료

 교량의 모습을 보여주고 있다.

🏢 문제 각 교량형식의 명칭을 쓰시오.

➡해답 ① 현수교
　　　② 사장교

[동영상 설명] 교량의 모습을 보여주고 있다.

[문제] 사진에 보이는 교량의 형식과 작업순서를 쓰시오

[해답] (1) 교량의 형식
     사장교

    (2) 작업순서
       ① 우물통 기초공사
       ② 주탑 시공
       ③ 슬래브 시공
       ④ 케이블 설치
       ⑤ 교면 아스콘 포장

동영상 설명 교량 가설공법을 보여주고 있다.

문제 이와 같은 교량 가설공법의 명칭을 쓰시오.

해답 (1) 공법명

ILM(Incremental Launching Method) 공법, 압출공법

(2) 특징

ILM 공법은 교량의 상부 구조물을 교대 후방의 제작장에서 일정 길이의 세그먼트(Segment)로 제작하여 잭(Jack)과 추진코에 의해 압출해 가면서 교각 위에 거치하는 교량 상부 가설공법이다.

문제 다음에서 보여주고 있는 특수교량 가설공법의 명칭과 그 장점을 2가지만 쓰시오.

해답 (1) 공법명

ILM(Incremental Launching Method) 공법, 압출공법

(2) 장점

① 별도의 외부비계 및 작업발판이 필요하지 않다.

② 교량 건설 중에 하부 교통의 영향을 주지 않는다.

③ 공기 단축이 가능하다.

④ 지간이 긴 장대교량의 시공이 용이하다.

 교량이 가설되고 있다.

 영상에서 보여지고 있는 세그먼트 가설방식은 무엇인가?

━해답 PSM 공법(Precast Segmental Method)

출제분야	건설시공
작업명	굴착공사

동영상 설명 | 절토 사면에서 토사붕괴를 보여주고 있다.

문제 | 토공현장에서 토사붕괴의 외적 요인을 3가지 기술하시오.

해답 ① 사면, 법면의 경사 및 기울기의 증가
② 절토 및 성토 높이의 증가
③ 공사에 의한 진동 및 반복하중의 증가
④ 지표수 및 지하수의 침투에 의한 토사 중량의 증가
⑤ 지진, 차량, 구조물의 하중작용
⑥ 토사 및 암석의 혼합층 두께 증가

**동영상
설명** 석축을 쌓고 있는 동영상이다.

문제 석축 쌓기 완료 후 붕괴되었다면 그 원인은 무엇인지 2가지 쓰시오.

해답 ① 기초지반의 침하 및 활동 발생으로 지지력 약화
② 배수불량으로 인한 수압작용
③ 과도한 토압의 발생
④ 옹벽 뒤채움 재료의 불량 및 다짐 불량

출제분야 　건설시공

작업명 　사면보호 공법

 동영상설명 절토사면의 붕괴 방지를 위해 사면보호 공법이 적용되었다.

문제 사면보호를 위한 방법을 4가지(구조물 보호방법 3가지 포함) 쓰시오.

해답 ① 콘크리트, 모르타르 뿜어붙이기공
② 콘크리트 블록공
③ 돌쌓기공
④ 돌망태 공법
⑤ 지표수 배제공, 지하수 배제공
⑥ 떼붙임공, 식생 Mat공, 식수공

문제 사면보호공법 중 구조물에 의한 보호방법을 3가지 쓰시오.

해답 ① 콘크리트, 모르타르 뿜어붙이기공
② 콘크리트 블록공
③ 돌쌓기공
④ 돌망태 공법

**동영상
설명** 건물 지하층의 구조물 공사를 위한 흙막이 가시설이 설치되어 있다.

 흙막이 구조물 공사 시 필요한 계측기기의 종류 3가지를 쓰시오.

해답 ① 지표침하계 : 흙막이벽 배면에 동결심도보다 깊게 설치하여 지표면 침하량 측정
② 지중경사계 : 흙막이벽 배면에 설치하여 토류벽의 기울어짐 측정
③ 하중계 : Strut, Earth Anchor에 설치하여 축하중 측정으로 부재의 안정성 여부 판단
④ 간극수압계 : 굴착, 성토에 의한 간극수압의 변화 측정
⑤ 균열측정기 : 인접구조물, 지반 등의 균열부위에 설치하여 균열크기와 변화 측정
⑥ 변형률계 : Strut, 띠장 등에 부착하여 굴착작업시 구조물의 변형을 측정
⑦ 지하수위계 : 굴착에 따른 지하수위 변동 측정

동영상 설명 흙막이 가시설 설치작업이 진행 중이다.

문제 공법의 명칭과 공법의 구성요소를 쓰시오.

⟶**해답** (1) 공법의 명칭 : 버팀대 공법
  (2) 구성요소 : H빔, 토류판(목개), 복공판(철재)

출제분야	건설시공
작업명	기초공사

동영상 설명 콘크리트 말뚝을 지면에 설치하는 동영상이다.

문제 이와 같은 말뚝의 항타공법 종류를 3가지 쓰시오.

해답 ① 타격공법 : 드롭해머, 스팀해머, 디젤해머, 유압해머
② 진동공법 : Vibro Hammer로 상하진동을 주어 타입, 강널말뚝에 적용
③ 선행굴착 공법(Pre-boring) : Earth Auger로 천공 후 기성말뚝 삽입, 소음·진동 최소
④ 워터제트 공법 : 고압으로 물을 분사시켜 마찰력을 감소시키며 말뚝 매입

동영상 설명 말뚝이 지면에 설치되어 있다.

문제 동영상을 보고 해당되는 말뚝의 종류를 쓰시오.

　　해답 PHC 말뚝(Pretensioned Spun High Strength Concrete Pile)

문제 원심력 철근콘크리트 말뚝의 장점을 2가지 쓰시오.

　　해답 ① 내구성이 크고 입수하기가 비교적 쉽다.
　　　　② 재질이 균일하여 신뢰성이 있다.
　　　　③ 길이 15미터 이하인 경우에 경제적이다.
　　　　④ 강도가 커서 지지말뚝으로 적합하다.

동영상 설명 콘크리트 말뚝을 설치하는 동영상이다.

문제 이와 같은 공법의 명칭과 장점을 2가지 쓰시오.

해답 (1) 명칭

SIP(Soil Cement Injected Precast Pile) 공법

(2) 장점

① 소음, 진동이 적다.

② 다양한 지층에 활용 가능하다.

③ 공사기간을 단축할 수 있다.

출제분야	건설시공
작업명	터널공사

 터널 내부 지보공 작업을 하고 있다.

🏢 문제 터널 내부 지보공 작업을 하고 있다. 락볼트(Rock Bolt)의 역할 3가지를 쓰시오.

➡해답 ① 봉합 작용
② 내압 작용
③ 보형성 작용
④ 아치 형성 작용

동영상 설명 터널 내부 라이닝의 모습을 보여주고 있다.

문제 터널 공사 시 콘크리트 라이닝의 시공목적 2가지를 쓰시오.

해답 ① 지질의 불균일성, 지보재의 품질저하 등으로 인한 터널의 강도저하 보강
② 터널구조물의 내구성 증진으로 인한 붕괴 방지
③ 지하수 등으로부터의 수밀성 확보
④ 사용 중 점검, 보수 등의 작업성 증대
⑤ 터널 내부 시설물 설치 용이

동영상
설명 터널 내 콘크리트를 뿌리는 장면을 보여주고 있다.

문제 이 공법의 명칭과 공법의 종류 2가지를 쓰시오.

해답 (1) 명칭
　　　숏크리트(Shotcrete)

　　(2) 공법의 종류
　　　① 습식 공법
　　　② 건식 공법

동영상설명 터널을 굴착하는 장비를 보여주고 있다.

문제 사진에 나타난 터널 굴착공법의 명칭과 발파에 의한 굴착공법과 비교한 이 굴착공법의 장점을 3가지만 쓰시오.

해답 (1) 공법의 명칭

　　T.B.M 공법(Tunnel Boring Machine Method)

(2) 장점

　① 연속적인 굴착으로 고속 시공이 가능하다.

　② 암반의 이완이 적기 때문에 붕락의 위험이 적다.

　③ 굴착면이 양호하고 여굴이 거의 없다.

　④ 굴착 단면이 원형을 유지하여 역학적으로 안정적이다.

　⑤ 소음, 진동이 적어 주변 구조물에 영향이 적다.

　⑥ 비발파 굴착으로 내부작업 환기에 유리하다.

기출문제풀이

■ Industrial Engineer Construction Safety

※ 아래 그림들은 실제 출제되는 동영상문제와 다를 수 있습니다.

출제연도 2006년 4회(B형)

05.
원심력 철근콘크리트 말뚝의 장점을 2가지 쓰시오.

➡해답 ① 내구성이 크고 입수하기가 비교적 쉽다.
② 재질이 균일하여 신뢰성이 있다.
③ 길이 15미터 이하인 경우에 경제적이다.
④ 강도가 커서 지지말뚝으로 적합하다.

07.
사진에 보이는 교량의 형식을 쓰고 작업순서
를 쓰시오.

해답 (1) 교량의 형식
　　　사장교

　(2) 작업순서
　　　① 우물통 기초공사 - ② 주탑 시공 - ③ 슬래브 시공 - ④ 케이블 설치 - ⑤ 교면 아스콘 포장

08.
터널 굴착하는 장면을 보여주고 있다. 이러한
공법의 적용이 어려운 지반을 2가지 쓰시오.

해답 ① 암질의 급격한 변화가 있는 구간
　　　② 다량의 용수가 있는 곳
　　　③ 연약지반

출제연도 2007년 2회(A형)

02.
사진에 나타난 터널 굴착공법의 명칭과 발파에 의한 굴착공법과 비교한 이 굴착공법의 장점을 3가지만 쓰시오.

해답 (1) 공법의 명칭 : T.B.M 공법(Tunnel Boring Machine Method)
  (2) 장점
    ① 연속적인 굴착으로 고속 시공이 가능하다.
    ② 암반의 이완이 적기 때문에 붕락의 위험이 적다.
    ③ 굴착면이 양호하고 여굴이 거의 없다.
    ④ 굴착 단면이 원형을 유지하여 역학적으로 안정적이다.
    ⑤ 소음, 진동이 적어 주변 구조물에 거의 영향이 없다.
    ⑥ 비발파 굴착으로 내부작업 환기에 유리하다.

05.
동영상은 교량 가설공법의 한 종류를 보여주고 있다. 영상에서 보여주고 있는 교량 가설공법의 명칭을 쓰시오.

해답 ILM 공법(Incremental Launching Method), 압출공법

출제연도 2007년 4회(B형)

03.
다음은 거푸집을 조립하는 사진을 보여주고 있다. 거푸집 조립순서에 맞게 나열하시오.

①벽체 ②큰보 ③기둥 ④작은보 ⑤슬래브

→해답 ③ 기둥→① 벽체→② 큰 보→④ 작은 보→⑤ 슬래브

출제연도 2008년 1회(A형)

06.
동영상은 Precast Concrete 제품의 제작과정을 보여주고 있다. 이러한 Precast Concrete의 장점을 3가지만 쓰시오.

해답 ① 좋은 품질의 콘크리트 부재 생산 가능
② 기계화 작업으로 공기단축
③ 기상과 관계없이 작업 가능

08.
교량 가설공법의 한 장면을 보여주고 있다. 이러한 교량 가설공법의 명칭과 장점을 2가지만 쓰시오.

해답 (1) 공법명
ILM(Incremental Launching Method) 공법, 압출공법

(2) 장점
① 별도의 외부비계 및 작업발판이 필요하지 않다.
② 교량 건설 중에 하부 교통의 영향을 주지 않는다.
③ 공기 단축이 가능하다.
④ 지간이 긴 장대교량의 시공이 용이하다.

03.
다음은 철근이 이음된 모습이다. 철근의 이음 방법을 3가지 쓰시오.

해답 ① 겹침 이음
② 용접 이음
③ 가스 압접

04.
동영상에서 보여주고 있는 교량 가설공법의 명칭과 특징을 쓰시오.

해답 (1) 공법명
ILM(Incremental Launching Method) 공법, 압출공법

(2) 특징
I.L.M 공법은 교량의 상부 구조물을 교대 후방의 제작장에서 일정 길이의 세그먼트(Segment)로 제작하여 잭(Jack)과 추진코에 의해 압출해 가면서 교각 위에 거치하는 교량 상부 가설공법이다.

06.
교량의 교각 거푸집을 보여주고 있다. 다음 교각 거푸집의 명칭과 장점을 3가지 쓰시오.

해답 (1) 명칭

슬라이딩 폼(Sliding Form)

(2) 장점

① 요크(Yoke)로 거푸집을 수직으로 연속 이동시키면서 콘크리트 타설하여 공기 단축
② 거푸집을 수직으로 이동시키므로 거푸집 제거 등의 소요인력 절약
③ 콘크리트의 일체성 확보

07.
교량의 교각철근이 배근된 모습을 보여주고 있다. 장래에 이음 등을 고려한 노출된 철근의 보호방법을 3가지 쓰시오.

해답 ① 비닐을 덮어 습기를 방지한다.
② 철근에 방청도료를 도포해서 부식을 방지한다.
③ 철근의 변위, 변형을 방지하기 위해 철망이나 철사로 단단히 묶어 고정한다.

08.

교량 상부공사가 진행 중이다. 교량공사인 외팔보 공법(F.C.M)의 시공순서대로 번호를 쓰시오.

① 주두부 시공 | ② Form Traveller 설치
③ 마무리 및 완료 | ④ 측경간 시공
⑤ Key Segment 시공 | ⑥ Segment 시공

➡해답 ① → ② → ⑥ → ⑤ → ④ → ③

출제연도 2009년 1회(A형)

05.

동영상을 보고, 보기를 참고하여 올바른 (1) 제작순서를 나열하고, Precast Concrete의 (2) 장점을 3가지만 쓰시오.

① 거푸집 제작	② 양생	③ 철근 배근 및 조립
④ 콘크리트 타설	⑤ 선 부착품(인서트, 전기부품 등) 설치	
⑥ 청소	⑦ 마감	⑧ 탈형

해답 (1) 제작순서

① → ⑤ → ③ → ④ → ② → ⑦ → ⑧ → ⑥

① 거푸집 제작	② 선 부착품(인서트, 전기부품 등) 설치
③ 철근 배근 및 조립	④ 콘크리트 타설
⑤ 양생	⑥ 마감
⑦ 탈형	⑧ 청소

(2) 장점

① 좋은 품질의 콘크리트 부재 생산 가능

② 기계화 작업으로 공기단축

③ 기상과 관계없이 작업 가능

08.

터널 굴착하는 장면을 보여주고 있다. 이러한 터널 굴착공법의 명칭과 이 공법의 적용이 어려운 지반을 2가지 쓰시오.

해답 (1) 공법의 명칭

T.B.M 공법

(2) 적용이 어려운 지반

① 암질의 급격한 변화가 있는 구간

② 다량의 용수가 있는 곳

③ 연약지반

출제연도 2009년 2회(A형)

04.
다음 동영상에서 보여주는 교량의 공법명을 쓰고 설명하시오.

해답 (1) 공법명
FCM 공법(Free Cantilever Method)

(2) 특징
FCM 공법은 교각 위에서 교각 양쪽의 교축방향으로 특수한 가설장비(Form Traveller)를 이용하여 한 개의 세그먼트(Segment, 3~4m)씩 콘크리트를 타설하고 Prestress를 도입하여 연결해 나가는 교량 상부 가설공법이다.

07.
사면 보호공법 중 구조물에 의한 보호방법을 3가지 쓰시오.

해답 ① 콘크리트, 모르타르 뿜어붙이기공
② 콘크리트 블록공
③ 돌쌓기공
④ 돌망태 공법

출제연도 2009년 4회(A형)

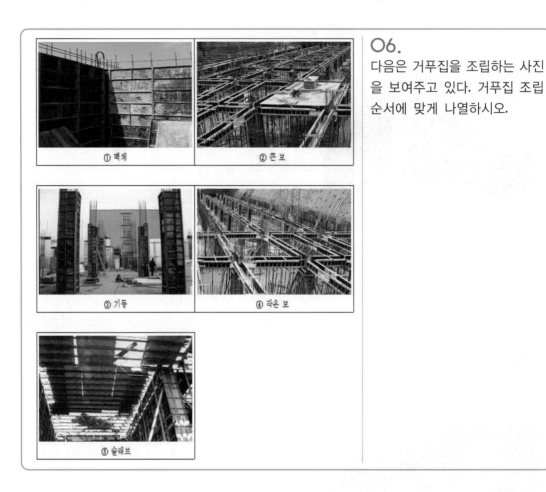

① 벽체 ② 큰 보 ③ 기둥 ④ 작은 보 ⑤ 슬래브

06.
다음은 거푸집을 조립하는 사진을 보여주고 있다. 거푸집 조립 순서에 맞게 나열하시오.

➡️해답 ③ 기둥 → ① 벽체 → ② 큰 보 → ④ 작은 보 → ⑤ 슬래브

08.
다음은 철근이 이음된 모습이다. 철근의 이음 방법을 3가지 쓰시오.

➡️해답 ① 겹침 이음
② 용접 이음
③ 가스 압접

출제연도 2010년 1회(A형)

02.
다음 동영상을 보고 해당되는 말뚝의 종류를 쓰시오.

➡️해답 PHC 말뚝(Pretensioned Spun High Strength Concrete Pile)

O3.
사진에 보이는 교량의 형식을 쓰고 작업순서를 쓰시오.

[해답] (1) 교량의 형식 : 사장교
(2) 작업순서 : ① 우물통 기초공사 - ② 주탑 시공 - ③ 슬래브 시공 - ④ 케이블 설치 - ⑤ 교면 아스콘 포장

출제연도 | 2010년 4회(A형)

O2.
동영상은 교량 가설공법의 한 종류를 보여주고 있다. 다음에 답하시오.
(1) 영상에 보여진 교량 가설공법의 명칭은 무엇인가?

(2) 영상에서 보여지고 있는 세그먼트 가설방식은 무엇인가?

[해답] (1) ILM 공법(Incremental Launching Method), 압출공법
(2) PSM 공법(Precast Segmental Method)

05.
사진에 나타난 터널 굴착공법의 명칭과 발파에 의한 굴착공법과 비교한 이 굴착공법의 장점을 3가지만 쓰시오

해답 (1) 공법의 명칭 : T.B.M 공법(Tunnel Boring Machine Method)

(2) 장점

① 연속적인 굴착으로 고속 시공이 가능하다.

② 암반의 이완이 적기 때문에 붕락의 위험이 적다.

③ 굴착면이 양호하고 여굴이 거의 없다.

④ 굴착 단면이 원형을 유지하여 역학적으로 안정적이다.

⑤ 소음, 진동이 적어 주변 구조물에 거의 영향이 없다.

⑥ 비발파 굴착으로 내부작업 환기에 유리하다.

출제연도 | 2011년 1회(A형)

03.
사진에 보이는 교량의 형식을 쓰고 작업순서를 쓰시오.

해답 (1) 교량의 형식 : 사장교

(2) 작업순서 : ① 우물통 기초공사 - ② 주탑 시공 - ③ 슬래브 시공 - ④ 케이블 설치 - ⑤ 교면 아스콘 포장

출제연도 2011년 2회(A형)

03.

콘크리트 말뚝을 설치하는 동영상이다. 이와 같은 공법(SIP ; Soil cement Injected Precast pile)의 장점을 2가지 쓰시오.

➡해답 ① 소음, 진동이 적다.
② 다양한 지층에 활용 가능하다.
③ 공사기간을 단축할 수 있다.

출제연도 2012년 1회(A형)

01.

동영상은 터널을 굴착하는 장면을 보여주고 있다. 공법의 종류와 동영상의 공법의 적용이 어려운 지반을 2가지 쓰시오.

➡해답 (1) 공법의 종류 : T.B.M 공법(Tunnel Boring Machine Method)
(2) 적용이 어려운 지반
① 암질의 급격한 변화가 있는 구간
② 다량의 용수가 있는 곳
③ 연약지반

O2.
교각, 사일로, 굴뚝 등과 같이 수직적으로 연속된 구조물에 사용되는 거푸집 공법의 명칭과 특징을 쓰시오.

해답 (1) 명칭
　　　　슬라이딩 폼(Sliding Form)
　　　(2) 특징
　　　　① 요크(Yoke)로 거푸집을 수직으로 연속 이동시키면서 콘크리트 타설
　　　　② 돌출물 등 단면 형상의 변화가 없는 곳에 적용
　　　　③ 공기단축 및 거푸집 제거 등 소요인력 절약
　　　　④ 일체성 확보

O5.
콘크리트 말뚝을 설치하는 동영상이다. 이와 같은 말뚝의 항타공법 종류를 3가지 쓰시오.

해답 ① 타격공법 : 드롭해머, 스팀해머, 디젤해머, 유압해머
　　　② 진동공법 : Vibro Hammer로 상하진동을 주어 타입, 강널말뚝에 적용
　　　③ 선행굴착 공법(Pre-Boring) : Earth Auger로 천공 후 기성말뚝 삽입, 소음·진동 최소
　　　④ 워터제트 공법 : 고압으로 물을 분사시켜 마찰력을 감소시키며 말뚝 매입
　　　⑤ 압입공법 : 유압 압입장치의 반력을 이용하여 말뚝 매입
　　　⑥ 중공굴착공법 : 말뚝의 내부를 스파이럴 오거로 굴착하면서 말뚝 매입

① 주두부 시공	② Form Traveller 설치
③ 마무리 및 완료	④ 측경간 시공
⑤ Key Segment 시공	⑥ Segment 시공

07.
교량 상부공사가 진행 중이다. 교량 공사인 외팔보 공법(F.C.M)의 시공 순서대로 번호를 쓰시오.

➡해답 ① → ② → ⑥ → ⑤ → ④ → ③

출제연도 2012년 4회(A형)

01.
원심력 철근콘크리트 말뚝의 장점을 2가지 쓰시오.

해답 ① 내구성이 크고 입수하기가 비교적 쉽다.
② 재질이 균일하여 신뢰성이 있다.
③ 길이 15미터 이하인 경우에 경제적이다.
④ 강도가 커서 지지말뚝으로 적합하다.

04.
다음은 철근이 이음된 모습이다. 철근의 이음 방법을 3가지 쓰시오.

해답 ① 겹침 이음
② 용접 이음
③ 가스 압접

출제연도　2012년 4회(B형)

02.
사진에 보이는 교량의 형식을 쓰고 작업순서를 쓰시오.

➡해답 (1) 교량의 형식 : 사장교

(2) 작업순서 : ① 우물통 기초공사 - ② 주탑 시공 - ③ 슬래브 시공 - ④ 케이블 설치 - ⑤ 교면 아스콘 포장

건설안전

Contents

출제분야	건설안전
작업명	비계 조립·해체작업

동영상 설명 건물 외벽의 석재 마감공사를 위해 외부비계 위에서 작업 중이다.

문제 현장에서 추락재해를 유발하는 불안전한 요인을 3가지 쓰시오.

해답 ① 작업발판 단부에 안전난간 미설치
② 근로자가 외부비계 위 작업장으로 이동할 수 있는 승강설비, 가설계단 미설치
③ 외부비계 위 통로에 대리석 자재가 적치되어 안전통로 미확보

문제 이와 같은 작업 시 근로자나 시설 등의 안전조치사항을 2가지 쓰시오.

해답 ① 발판재료는 작업할 때의 하중을 견딜 수 있도록 견고한 것으로 할 것
② 작업발판의 폭은 40cm 이상으로 하고, 발판재료 간의 틈은 3cm 이하로 할 것
③ 추락의 위험성이 있는 장소에는 안전난간을 설치할 것

동영상 설명 가설통로와 외부비계가 설치되어 있다.

문제 강관비계와 작업발판의 미비점을 3가지 쓰시오.

해답 ① 작업발판 단부에 안전난간 미설치
② 가설통로에 손잡이 미설치
③ 수직방망 미설치
④ 적정 간격의 벽이음 미설치

동영상 설명 건물외벽 쌍줄비계에서 작업을 하고 있는 동영상을 보여주고 있다.

문제 아파트 건설현장 외부 비계에서 작업자가 자재를 위층으로 올리던 중 위층 작업자가 자재를 놓쳐 자재가 떨어지는 사고가 발생하였다. 이때 위험요인 3가지를 쓰시오.

해답 ① 낙하 자재가 비계 위 근로자를 가격함으로 인한 근로자 추락위험
② 작업구간 하부의 근로자 출입통제 미실시로 인한 낙하위험
③ 재료·기구 또는 공구 등을 올리거나 내리는 경우 달줄 또는 달포대 미사용으로 인한 낙하위험

동영상 설명 외부비계를 설치하고 있는 모습을 보여주고 있다.

문제 보호구를 착용하지 않은 작업자가 아래쪽에서 위쪽으로 단관비계 부재를 세로로 들어 올려주고 있다. 동영상을 참고하여 발생 가능한 사고를 2가지 쓰시오.

해답 ① 작업자의 안전대, 안전모 미착용으로 인한 추락위험
② 작업발판 미설치로 인한 추락위험
③ 재료·기구 또는 공구 등을 올리거나 내리는 경우 달줄 또는 달포대 미사용으로 인한 낙하위험

출제분야 　　건설안전

작업명 　　이동식 비계작업

 이동식 비계 위로 작업자가 올라가고 있는 장면을 보여주고 있다.

문제 이와 같은 작업 시 추락재해가 발생하였을 때 재해예방대책 3가지를 쓰시오.

해답 ① 승강용 사다리를 견고하게 설치한다.
② 갑작스러운 이동 또는 전도를 방지하기 위해 비계를 견고한 시설물에 고정하거나 아웃트리거를 설치한다.
③ 비계의 최상부 작업발판 단부에는 안전난간을 설치한다.

문제 작업자가 이동식 비계 최상부에 올라가서 작업을 하고 있다. 이때 재해예방을 위한 안전조치사항 3가지를 쓰시오.

해답 ① 작업발판은 항상 수평을 유지한다.
② 최상부 작업발판 단부에는 안전난간을 설치한다.
③ 근로자는 안전대를 걸고 작업한다.
④ 이동식 비계가 전도되지 않도록 시설물에 고정하거나 아웃트리거를 설치한다.

출제분야	건설안전
작업명	거푸집작업

 목재 가공용 둥근톱을 보여주고 있다.

 목재 가공용 둥근톱으로 합판을 절단하다 사고가 발생하였다. 아래 질문에 답하시오.

(1) 동영상에서의 재해발생 원인을 2가지 쓰시오.
(2) 누전차단기를 반드시 설치해야 하는 작업장소를 쓰시오.

━━ 해답 (1) 재해발생 원인
     ① 분할날 반발예방장치 미설치
     ② 톱날접촉 예방장치 미설치
     ③ 작업 시 장갑 착용

    (2) 누전차단기 설치장소
     ① 물 등 도전성이 높은 액체에 의한 습윤 장소
     ② 철판·철골 위 등 도전성이 높은 장소
     ③ 임시배선의 전로가 설치되는 장소

출제분야	건설안전
작업명	거푸집 동바리작업

동영상 설명 거푸집 동바리인 파이프 서포트가 설치되어 있다.

문제 파이프 서포트를 보고 잘못된 것을 2가지 찾아 쓰시오.

해답 ① 파이프 서포트 연결핀을 철근으로 사용하는 등 강재 간 접속부 전용철물의 미사용
② 보 하부 지지용 파이프 서포트의 수직도 미확보로 하중의 지지상태 미유지
③ 동바리의 상·하 고정 및 미끄럼 방지조치 미실시

 거푸집 동바리가 설치된 사진을 보여주고 있다.

 사진을 보고 문제점을 찾아 2가지를 쓰시오.

⇒해답 ① 동바리의 이음을 맞댄이음 또는 장부이음으로 하고 같은 품질의 재료를 사용해야 하나 동바리
　　　　와 이질재료를 혼합하여 사용함
　　　② 파이프서포트를 이어서 사용할 때에는 4개 이상의 볼트 또는 전용철물을 사용하여야 하나
　　　　이질재료에 못으로 고정하여 이음
　　　③ 강재와 강재와의 접속부 및 교차부는 볼트·클램프 등 전용철물을 사용하여 단단히 연결해야
　　　　하나 전용철물 미사용

동영상 설명 콘크리트타설장비로 콘크리트를 타설하는 장면을 보여주고 있다.

문제 콘크리트 타설작업을 하기 위하여 콘크리트타설장비 이용 작업 시 준수사항 3가지를 쓰시오.

해답
1. 작업을 시작하기 전에 콘크리트타설장비를 점검하고 이상을 발견하였으면 즉시 보수할 것
2. 건축물의 난간 등에서 작업하는 근로자가 호스의 요동·선회로 인하여 추락하는 위험을 방지하기 위하여 안전난간 설치 등 필요한 조치를 할 것
3. 콘크리트타설장비의 붐을 조정하는 경우에는 주변의 전선 등에 의한 위험을 예방하기 위한 적절한 조치를 할 것
4. 작업 중에 지반의 침하나 아웃트리거 등 콘크리트타설장비 지지구조물의 손상 등에 의하여 콘크리트타설장비가 넘어질 우려가 있는 경우에는 이를 방지하기 위한 적절한 조치를 할 것

 콘크리트타설장비가 붐을 뻗어 콘크리트를 타설하고 있다.

 콘크리트타설장비에 대한 위험요인과 근로자의 위험요인을 쓰시오.

해답 (1) 콘크리트타설장비에 대한 위험요인 : 붐 조정 시 인접 전선에 의한 감전위험
(2) 근로자 위험요인 : 호스의 요동, 선회 시 근로자 접촉으로 인한 추락위험

동영상 설명 콘크리트타설장비와 인접하여 충전전로가 있다.

문제 콘크리트타설장비가 인접전로에 접촉 우려 시 근로자의 위험을 예방하기 위한 조치를 쓰시오.

해답 ① 콘크리트타설장비의 붐을 충전전로에서 이격시킬 것
② 충전전로에 절연용 방호구를 설치할 것
③ 차량의 절연되지 않은 부분이 접근 한계거리 이내로 접근하지 않도록 할 것
④ 감시인을 배치할 것

동영상
설명 차량계 건설기계의 한 종류인 콘크리트타설장비 작업을 보여주고 있다.

문제 동영상에서 보여주고 있는 (1) 건설기계의 용도와 해당 (2) 건설기계의 작업 시 준수사항을 쓰시오.

해답 (1) 용도 : 콘크리트 타설작업

(2) 준수사항

1. 작업을 시작하기 전에 콘크리트타설장비를 점검하고 이상을 발견하였으면 즉시 보수할 것
2. 건축물의 난간 등에서 작업하는 근로자가 호스의 요동·선회로 인하여 추락하는 위험을 방지하기 위하여 안전난간 설치 등 필요한 조치를 할 것
3. 콘크리트타설장비의 붐을 조정하는 경우에는 주변의 전선 등에 의한 위험을 예방하기 위한 적절한 조치를 할 것
4. 작업 중에 지반의 침하나 아웃트리거 등 콘크리트타설장비 지지구조물의 손상 등에 의하여 콘크리트타설장비가 넘어질 우려가 있는 경우에는 이를 방지하기 위한 적절한 조치를 할 것

출제분야	건설안전
작업명	굴착공사

동영상 설명 옹벽공사를 위한 터파기작업 중 사면이 붕괴되었다.

문제 토석의 붕괴 및 낙하를 예방하기 위해 미리 조치해야 하는 사항을 쓰시오.

해답 ① 흙막이 지보공의 설치
② 방호망의 설치
③ 비가 올 경우를 대비하여 측구를 설치하거나 굴착사면에 비닐보강

문제 터파기 사면 보호대책의 미비점을 3가지 쓰시오.

해답 ① 사면의 기울기 기준 미준수
② 굴착사면에 비가 올 경우를 대비한 비닐보강 미실시
③ 토사등의 붕괴 또는 낙하 원인이 되는 빗물이나 지하수 등을 배제할 수 있는 측구 미설치
④ 낙하의 위험이 있는 토석을 제거하거나 옹벽, 흙막이 지보공 등 미설치

동영상 설명 굴착기를 이용하여 굴착한 토사를 덤프트럭으로 상차하는 작업을 보여주고 있다.

문제 이와 같은 건설기계 작업 시 주의사항을 3가지 쓰시오.

해답 ① 작업유도자 배치 및 작업반경 내 근로자 접근금지
② 덤프트럭 바퀴에 고임목(쐐기)을 설치하여 급작스런 유동 방지
③ 적재적량 상차 및 덮개를 덮고 운반
④ 지반을 고르게 하고 수평 유지
⑤ 살수 실시 및 운행속도 제한

출제분야 | 건설안전
작업명 | 흙막이 가시설 설치공사

동영상 설명 건물 지하층의 구조물 공사를 위한 흙막이 가시설이 설치되어 있다.

문제 흙막이 공사 시 재해예방을 위한 조치사항 2가지를 쓰시오.

해답 ① 흙막이 지보공의 재료로 변형·부식되거나 심하게 손상된 것을 사용해서는 안 된다.
② 흙막이 지보공을 조립하는 경우 미리 조립도를 작성하여 그 조립도에 따라 조립하도록 해야 한다.
③ 흙막이 지보공을 설치하였을 때에는 정기적으로 부재의 손상·변형·부식·변위 및 탈락의 유무와 상태 등을 점검하고 이상을 발견하면 즉시 보수하여야 한다.
④ 설계도서에 따른 계측을 하고 계측 분석 결과 토압의 증가 등 이상한 점을 발견한 경우에는 즉시 보강조치를 하여야 한다.

출제분야	건설안전
작업명	터널공사

동영상 설명 터널공사 현장에서 천공기를 사용하여 구멍을 뚫고 있는 장면을 보여주고 있다.

문제 이와 같은 장약작업 시 주의사항 3가지를 쓰시오.

해답 ① 화약이나 폭약을 장전하는 경우에는 그 부근에서 화기를 사용하거나 흡연을 하지 않도록 할 것
② 장전구(裝塡具)는 마찰·충격·정전기 등에 의한 폭발의 위험이 없는 안전한 것을 사용할 것
③ 발파공의 충진재료는 점토·모래 등 발화성 또는 인화성의 위험이 없는 재료를 사용할 것

출제분야	건설안전
작업명	추락재해

동영상 설명 엘리베이터 Pit 내부에서 거푸집 작업을 하는 동영상을 보여주고 있다.

문제 작업자가 엘리베이터 Pit 내부에서 거푸집작업을 하던 중 작업발판이 탈락되면서 추락하는 재해가 발생하였다. 이때 재해발생 위험요인 3가지를 쓰시오.

해답 ① 작업발판의 미고정으로 인한 발판 탈락 및 추락위험
② 안전대 부착설비 미설치 및 작업자 안전대 미착용으로 인한 추락위험
③ 엘리베이터 피트 내부의 추락방호망 미설치로 인한 추락위험

 작업자가 개구부에서 작업을 하던 중 추락하는 장면을 보여주고 있다.

문제 이와 같은 재해 발생 시 추락 방지를 위한 안전대책 3가지를 쓰시오.

해답 ① 안전난간, 울타리, 수직형 추락방망 설치
② 충분한 강도를 가진 구조로 덮개를 튼튼하게 설치
③ 어두운 장소에서도 알아볼 수 있도록 개구부임을 표시
④ 추락방호망 설치
⑤ 근로자의 안전대 착용 지시

동영상 설명 교량 건설공사 중 스틸박스 거더를 설치하고 있는 동영상을 보여주고 있다.

문제 교량 상부공 작업 시 작업자가 하부로 추락하는 재해가 발생하였다. 이때 재해예방대책을 4가지 쓰시오.

해답 ① 작업(통로)발판 설치
② 안전대 부착설비 설치 및 안전대 착용
③ 추락방지용 추락방호망 설치
④ 작업발판 단부, 스틸박스 단부에 안전난간 설치

출제분야 　 건설안전

작업명 　 낙하·비래재해

동영상 설명 　아파트 건설현장을 보여주고 있다.

문제 위와 같은 건설현장에서 화물의 낙하·비래 위험이 있는 경우 조치해야 할 사항 2가지를 쓰시오.

해답 ① 낙하물 방지망 설치
② 출입금지구역의 설정
③ 방호선반 설치
④ 작업자의 안전모 착용 지시

문제 아파트 건설현장의 수직보호망을 보여주고 있다. 이때 낙하·비래 재해예방을 위해 필요한 안전시설 3가지를 쓰시오.

해답 ① 낙하물 방지망
② 수직보호망
③ 방호선반

출제분야	건설안전
작업명	충돌·협착재해

동영상 설명 백호를 이용하여 관로매설 작업을 하고 있다.

문제 백호로 외줄걸이를 한 채 인양물을 옮기다 인양물이 떨어져 작업자가 다치는 재해가 발생하였다. 사고유형과 사고 방지대책을 쓰시오.

해답 1) 사고유형 : 끼임(협착)
　　　 2) 사고 방지대책
　　　　　 ① 화물의 인양작업 시에는 이동식 크레인 등 양중기를 사용할 것
　　　　　 ② 인양물을 인양로프에 체결 시 2줄 걸이로 할 것
　　　　　 ③ 인양물 하부에 근로자의 접근을 통제할 것
　　　　　 ④ 작업 전 인양로프의 이상여부를 확인할 것

 철근의 운반 및 조립 작업을 하는 동영상이다.

문제 철근 운반 시 주의사항을 3가지 쓰시오.

해답 ① 2개 이상 철근을 운반할 때 양 끝을 묶어 운반한다.
② 내려놓을 때에는 튕기지 않도록 던지지 말고 천천히 내려놓는다.
③ 길이가 긴 철근의 경우 2인 1조로 어깨 메기로 운반한다.

출제분야	건설안전
작업명	화재·폭발재해

동영상 설명 고압가스용기를 보여주고 있다.

문제 이와 같은 가스용기 취급 시 주의사항 4가지를 쓰시오.

해답 ① 용기의 온도를 섭씨 40도 이하로 유지할 것
② 전도의 위험이 없도록 할 것
③ 충격을 가하지 않도록 할 것
④ 운반하는 경우에는 캡을 씌울 것
⑤ 사용하는 경우에는 용기의 마개에 부착되어 있는 유류 및 먼지를 제거할 것
⑥ 밸브의 개폐는 서서히 할 것
⑦ 사용 전 또는 사용 중인 용기와 그 밖의 용기를 명확히 구별하여 보관할 것
⑧ 용해아세틸렌의 용기는 세워 둘 것
⑨ 용기의 부식·마모 또는 변형상태를 점검한 후 사용할 것

출제분야	건설안전
작업명	질식재해

 작업자가 밀폐공간에서 작업을 하고 있는 동영상을 보여주고 있다.

 작업자가 밀폐공간으로 들어가 벽면에 시너를 칠하고 있다. 작업자가 시계를 보니 시간이 1~2시간 경과하였고 갑자기 어지러워하며 쓰러졌다. 이러한 밀폐공간에서 방수 등 작업 시 안전대책을 3가지 쓰시오.

➡해답 ① 작업 전 산소농도 및 유해가스 농도 측정
② 작업 중 산소농도 측정 및 산소농도가 18% 미만일 때는 환기 실시
③ 근로자는 송기마스크, 공기호흡기 등 호흡용 보호구 착용

※ 아래 그림들은 실제 출제되는 동영상문제와 다를 수 있습니다.

출제연도　2006년 4회(A형)

05.
건설현장에서 물체의 낙하 · 비래 위험이 있는 경우 조치해야 할 사항 2가지를 쓰시오.

해답　① 낙하물 방지망 설치
② 출입금지구역 설정
③ 방호선반 설치
④ 작업자 안전모 착용

01.
아파트 건설현장을 보여주고 있으며, 작업자가 pit 내부에서 작업 중 추락위험이 있다. 이때 필요한 안전시설 2가지를 쓰시오.

➡해답 ① 추락 방지용 추락방호망
② 안전대 부착설비 설치 및 안전대 착용
③ 작업발판의 설치

02.
백호로 하수관을 1줄 걸이로 인양하던 중 하수관이 떨어져 근로자와 충돌하는 동영상을 보여주고 있다. 이때 재해유형과 방지대책 2가지를 쓰시오.

➡해답 1) 재해유형 : 끼임(협착)
2) 재해 방지대책
① 화물의 인양작업 시에는 이동식 크레인 등 양중기를 사용할 것
② 인양물을 인양로프에 체결 시 2줄 걸이로 할 것
③ 인양물 하부에 근로자의 접근을 통제할 것
④ 작업 전 인양로프의 이상 여부를 확인할 것

06.
작업자가 외부비계를 타고 올라가다가 추락하는 장면을 보여주고 있다. 이러한 추락재해의 원인과 안전대책을 2가지씩 쓰시오.

해답 1) 재해원인
　① 근로자가 외부비계 위 작업장으로 이동할 수 있는 승강설비, 가설계단 미설치
　② 비계의 작업발판 단부에 안전난간 미설치

2) 안전대책
　① 외부비계에 안전한 승강용 사다리(가설계단) 설치
　② 비계의 작업발판 단부에 추락방지용 안전난간 설치

01.
작업자가 건물 외측에 설치한 낙하물방지망을 보수하고 있다. 다음 각 물음에 답하시오.

1) 위와 같은 작업을 할 때 작업자의 추락 방지를 위해 필요한 조치사항을 쓰시오.
2) 낙하물 방지망은 높이 (①)m 이내마다 설치하고, 내민 길이는 벽면으로부터
(②)m 이상으로 하여야 하며, 수평면과의 각도는 (③)를 유지하여야 한다.

해답 (1) 조치사항 : 안전대를 착용한 후 안전대 부착설비에 안전대를 걸고 작업을 실시한다.
(2) ① 10 ② 2 ③ 20~30°

02.

콘크리트타설장비로 작업 시 인근 고압전로에 접촉 우려가 있는 장면을 보여주고 있다. 이러한 전기배전시설에 직접 접촉되어 감전재해가 발생할 우려가 있을 때 예방대책을 3가지만 쓰시오.

해답 ① 콘크리트타설장비의 붐을 충전전로에서 이격시킬 것
② 충전전로에 절연용 방호구를 설치할 것
③ 차량의 절연되지 않은 부분이 접근 한계거리 이내로 접근하지 않도록 할 것
④ 감시인을 배치할 것

출제연도	2007년 2회(A형)

01.

백호로 지반을 굴착하여 덤프트럭으로 운반하는 장면이다. 보호구를 착용하지 않은 작업자가 굴착기 주변에서 작업을 하고 있다. 이때 위험요인 3가지를 쓰시오.

해답 ① 작업유도자가 없어 차량 후진 시 근로자 충돌 위험
② 위험반경 내 근로자가 접근하여 협착 또는 충돌 위험
③ 작업자가 안전모 등 보호구를 미착용
④ 덤프트럭 바퀴에 고임목을 설치하지 않아 급작스런 유동 위험

04.
아파트 공사현장에서 작업을 하던 근로자가 낙하하는 물체에 맞는 재해를 당하는 동영상을 보여주고 있다. 이와 같은 작업 시 낙하·비래 재해의 방지대책을 3가지 쓰시오.

●해답 ① 낙하물 방지망 설치 ② 출입금지구역의 설정
   ③ 방호선반 설치   ④ 작업자 안전모 착용

06.
동영상은 한 줄 걸이를 이용하여 하수관을 이동하던 중 하수관이 낙하하여 작업자가 깔리는 재해를 당했다. 동영상을 참고하여 다음물음에 해당하는 사항을 쓰시오.
① 불안전한 상태
② 불안전한 행동
③ 기인물
④ 가해물

●해답 ① 불안전한 상태 : 하수관의 인양 시 한 줄 걸이로 인한 화물의 낙하위험
   ② 불안전한 행동 : 낙하위험구간의 근로자 출입
   ③ 기인물 : 하수관
   ④ 가해물 : 하수관

08.
동영상은 근로자가 철근을 인력 운반하는 장면을 보여주고 있다. 철근 인력 운반작업 시 준수사항 3가지를 쓰시오.

해답 ① 1인당 무게는 25킬로그램 정도가 적절하며, 무리한 운반을 삼가 해야 한다.

② 2인 이상이 1조가 되어 어깨메기로 하여 운반하는 등 안전을 도모하여야 한다.

③ 긴 철근을 부득이 한 사람이 운반하는 경우에는 한쪽을 어깨에 메고 한쪽 끝을 끌면서 운반하여야 한다.

④ 운반하는 경우에는 양끝을 묶어 운반하여야 한다.

⑤ 내려놓을 때는 천천히 내려놓고 던지지 않아야 한다.

⑥ 공동작업을 하는 경우에는 신호에 따라 작업을 하여야 한다.

출제연도 2007년 4회(A형)

O4.
사진에 보여진 아파트의 작업층에 필요한 추락방지시설 및 낙하물 방지시설을 쓰시오.

➡해답 ① 추락 방지시설 : 슬래브 단부에 안전난간 설치
② 낙하물 방지시설 : 아파트 외벽에 낙하물 방지망 설치

O7.
교량 건설공사 장면을 보여주고 있다. 동영상을 참고하여 근로자의 추락 방지를 위한 안전대책을 2가지 쓰시오.

➡해답 ① 작업(통로)발판 설치
② 안전대 부착설비 설치 및 안전대 착용
③ 추락방지용 추락방호망 설치
④ 작업발판 단부에 안전난간 설치

출제연도 | 2007년 4회(B형)

O5.
비계를 조립하기 위해 작업자가 위층으로 비계용 강관을 들어 올리던 중 위층 작업자가 자재를 놓쳐 자재가 떨어지는 사고가 발생하였다. 이때의 위험 요인 3가지를 쓰시오.

해답 ① 작업자의 안전대 미착용으로 인한 추락위험
② 작업발판 미설치로 인한 추락위험
③ 재료·기구 또는 공구 등을 올리거나 내리는 경우 달줄 또는 달포대 미사용으로 인한 낙하위험

O6.
터널공사 장면을 보여주고 있다. 동영상을 참고하여 불안전한 상태 및 불안전한 행동을 쓰시오.

해답 ① 터널 작업구간에 작업 유도자를 배치하지 않아 작업차량 운행 중 충돌위험이 있다.
② 건설기계의 고소작업 시 근로자가 안전대를 착용하지 않아 추락위험이 있다.

출제연도　2008년 1회(A형)

05.
아파트 건설현장에서 작업자가 낙하물방지망을 보수하던 중 추락하는 장면을 보여주고 있다. 동영상을 보고 낙하물방지망 보수작업 중 일어난 재해형태와 방지대책을 2가지 쓰시오.

●해답 (1) 재해형태 : 추락
(2) 재해 방지대책 : ① 안전대 부착설비 설치 및 안전대 착용, ② 작업발판 설치

07.
하수관을 인양하던 중 하수관이 떨어져 근로자가 끼이는 사고 장면을 보여주고 있다. 이때의 재해형태와 방지대책을 2가지 쓰시오.

●해답 1) 재해형태 : 끼임(협착)
2) 재해 방지대책
① 화물의 인양작업 시에는 이동식 크레인 등 양중기를 사용할 것
② 인양물을 인양로프에 체결 시 2줄 걸이로 할 것
③ 인양물 하부에 근로자의 접근을 통제할 것
④ 작업 전 인양로프의 이상 여부를 확인할 것

출제연도 2008년 2회(A형)

05.
근로자가 개구부에서 작업하던 중 추락하는 재해가 발생하였다. 이때, 추락 방지를 위한 안전대책 3가지를 쓰시오.

➡해답 ① 안전난간, 울타리, 수직형 추락방망 설치
② 충분한 강도를 가진 구조로 덮개를 튼튼하게 설치
③ 어두운 장소에서도 알아볼 수 있도록 개구부임을 표시
④ 추락방호망 설치
⑤ 근로자의 안전대 착용 지시

06.
교량 가설작업 동영상을 보여주고 있다. 이러한 교량 가설작업 중 요구되는 안전시설의 종류를 2가지 쓰시오.

➡해답 ① 작업(통로)발판 설치
② 안전대 부착설비 설치 및 안전대 착용
③ 추락방지용 추락방호망 설치
④ 작업발판 단부, 스틸박스 단부에 안전난간 설치

출제연도 | 2008년 4회(A형)

03.
작업자가 밀폐공간에서 방수작업하는 장면을 보여주고 있다. 이러한 밀폐공간에서의 작업 중 안전대책을 3가지 쓰시오.

➡해답 ① 작업 전 산소농도 및 유해가스 농도 측정
② 작업 중 산소농도 측정 및 산소농도가 18% 미만일 때는 환기 실시
③ 근로자는 송기마스크, 공기호흡기 등 호흡용 보호구 착용
④ 당해 작업장소와 외부와의 연락을 위한 통신설비를 설치할 것

04.
엘리베이터 pit 내부에서 거푸집 작업 중 재해가 발생하는 장면을 보여주고 있다. 이때의 재해형태와 발생요인 2가지를 쓰시오.

➡해답 (1) 발생형태 : 추락
(2) 발생요인
① 작업발판의 미고정으로 인한 발판 탈락 및 추락위험
② 안전대 부착설비 미설치 및 작업자 안전대 미착용으로 인한 추락위험
③ 엘리베이터 피트 내부의 추락방호망 미설치로 인한 추락위험

01.
아파트 건설현장을 보여주고 있다. 이와 같은 건설현장에서 화물의 낙하·비래 위험이 있는 경우 조치해야 할 사항 3가지를 쓰시오.

→해답 ① 낙하물 방지망 설치   ② 출입금지구역의 설정
③ 방호선반 설치   ④ 작업자 안전모 착용

03.
강교량 건설현장 동영상이다. 교량의 상부에 보호구를 미착용한 근로자들이 작업하고 있다. 동영상을 참고하여 추락 방지시설 2가지를 쓰시오.(단, 추락방호망 제외)

→해답 ① 작업(통로)발판 설치
② 안전대 부착설비 설치 및 안전대 착용
③ 작업발판 단부, 스틸박스 단부에 안전난간 설치

출제연도　2009년 2회(A형)

01.
크레인을 이용하여 비계재료인 강관을 인양하고 있다. 작업자들은 보호구를 착용하지 않았고 신호수가 없이 작업하고 있다. 이때, 위험요인과 안전대책을 각각 3가지씩 쓰시오.

➡️해답 (1) 위험요인
　　① 작업자 안전모, 안전장갑 등 개인보호구의 미착용
　　② 신호수 미배치 및 위험구간 출입금지 미조치
　　③ 위험표지판, 안전표지판 미설치
　　④ 강관을 한 줄로 인양함으로 인한 낙하위험

　(2) 안전대책
　　① 작업자는 안전모, 안전장갑 등 개인보호구 착용
　　② 신호수를 배치하여 위험구간 출입금지 조치
　　③ 위험표지판, 안전표지판 설치
　　④ 두 줄로 균형을 맞추어 강관 인양

O3.
동영상은 건물외벽의 돌 마감공사를 보여주고 있다. 이와 같은 작업 시 근로자나 시설 등의 안전조치 사항을 2가지 쓰시오.

해답 ① 발판재료는 작업할 때의 하중을 견딜 수 있도록 견고한 것으로 할 것
② 작업발판의 폭은 40cm 이상으로 하고, 발판재료 간의 틈은 3cm 이하로 할 것
③ 추락의 위험성이 있는 장소에는 안전난간을 설치할 것
④ 작업발판의 지지물은 하중에 의하여 파괴될 우려가 없는 것을 사용할 것
⑤ 작업발판재료는 뒤집히거나 떨어지지 않도록 둘 이상의 지지물에 연결하거나 고정시킬 것
⑥ 비계 기둥 간 적재하중은 400kg을 초과하지 않도록 할 것

O5.
크레인을 이용하여 화물을 내리는 작업을 할 때, 크레인 운전자가 준수해야 할 사항 2가지를 쓰시오.

해답 ① 신호수의 지시에 따라 작업 실시
② 내리는 화물이 흔들리지 않도록 천천히 작업할 것

O1.

아파트 건설공사 장면을 보여주고 있다. 아파트 건설공사 작업 시 추락재해 방지조치를 3가지 쓰시오.

해답 ① 안전난간, 울타리, 수직형 추락방망 설치
② 충분한 강도를 가진 구조로 덮개를 튼튼하게 설치
③ 어두운 장소에서도 알아볼 수 있도록 개구부임을 표시
④ 추락방호망 설치
⑤ 근로자 안전대 착용

03.

교량 건설공사 중 스틸박스 거더를 설치하고 있는 동영상을 보여주고 있다. 교량 상부공 작업 시 작업자가 하부로 추락하는 재해가 발생하였다. 이때 재해예방대책을 4가지 쓰시오.

해답 ① 작업(통로)발판 설치
② 안전대 부착설비 설치 및 안전대 착용
③ 추락방지용 추락방호망 설치
④ 작업발판 단부, 스틸박스 단부에 안전난간 설치

05.

백호로 외줄걸이를 한 채 인양물을 옮기다 인양물이 떨어져 작업자가 다치는 재해가 발생하였다. 사고유형과 사고 방지대책을 쓰시오.

해답 1) 사고유형 : 끼임(협착)
2) 사고 방지대책
① 화물의 인양작업 시에는 이동식 크레인 등 양중기를 사용할 것
② 인양물을 인양로프에 체결 시 2줄 걸이로 할 것
③ 인양물 하부에 근로자의 접근을 통제
④ 작업 전 인양로프의 이상 여부 확인

09.

작업자가 밀폐장소에서 작업하던 중 쓰러지는 동영상을 보여주고 있다. 이와 같은 밀폐된 공간, 즉 잠함, 우물통, 수직갱 등에서 작업 시 산소결핍기준 및 환기가 불가능 할 경우에 착용해야 하는 보호구의 종류를 쓰시오.

해답 (1) 결핍기준 : 공기 중의 산소농도가 18% 미만인 상태
(2) 보호구 : 송기마스크, 산소마스크

O4.
동영상은 한 줄 걸이를 이용하여 하수관을 이동하던 중 하수관이 낙하하여 작업자가 깔리는 재해를 당했다. 동영상을 참고하여 재해의 유형과 예방사항을 쓰시오.

해답 1) 사고유형 : 협착
　　 2) 사고 방지대책
　　　　① 화물의 인양작업 시에는 이동식 크레인 등 양중기를 사용할 것
　　　　② 인양물을 인양로프에 체결 시 2줄 걸이로 할 것
　　　　③ 인양물 하부에 근로자의 접근을 통제할 것
　　　　④ 작업 전 인양로프의 이상 여부를 확인할 것

02.
다음은 이동식 크레인을 이용하여 빔을 인양하는 작업이다. 작업 중 위험요인 및 대책을 2가지씩 쓰시오.

해답 (1) 위험요인
① 화물을 1가닥으로 인양하여 화물이 균형을 잃고 낙하할 위험
② 낙하위험구간에 작업자 출입으로 인한 위험
③ 신호수 미배치로 인한 위험
(2) 안전대책
① 화물을 두 줄로 걸어 균형을 잡고 운반할 것
② 낙하위험구간에 작업자 출입을 금지할 것
③ 신호수를 배치할 것

06.
사진과 같이 덤프트럭의 후진 시 조치되어야 하는 안전사항을 2가지 기술하시오.

해답 ① 작업 유도자 배치 및 작업반경 내 근로자 접근금지
② 덤프트럭 바퀴에 고임목(쐐기)을 설치하여 급작스런 유동 방지
③ 적재적량 상차 및 덮개를 덮고 운반
④ 지반을 고르게 하고 수평 유지
⑤ 살수 실시 및 운행속도 제한

07.
사진에 보여진 아파트의 작업층에 필요한 안전시설의 종류를 2가지 쓰시오.

해답 ① 안전난간 설치
② 낙하물 방지망 설치

출제연도 2011년 1회(A형)

02.

철근 운반작업을 하는 동영상이다. 철근 운반시 주의사항을 3가지 쓰시오.

➡️**해답** ① 2개 이상 철근을 운반할 때 양 끝을 묶어 운반한다.
② 내려놓을 때에는 튕기지 않도록 던지지 말고 천천히 내려놓는다.
③ 길이가 긴 철근의 경우 2인 1조로 어깨 메기로 운반한다.

08.

동영상은 한 줄 걸이를 이용하여 하수관을 이동하던 중 하수관이 낙하하여 작업자가 깔리는 재해 장면을 보여주고 있다. 동영상을 참고하여 재해의 유형과 방지대책을 쓰시오.

➡️**해답** 1) 사고유형 : 끼임(협착)
2) 사고 방지대책
① 화물의 인양작업 시에는 이동식 크레인 등 양중기를 사용할 것
② 인양물을 인양로프에 체결 시 2줄 걸이로 할 것
③ 인양물 하부에 근로자의 접근을 통제할 것
④ 작업 전 인양로프의 이상 여부를 확인할 것

01.
동영상은 작업자가 철근배근 작업을 하던 중 개구부에 발이 빠지는 장면을 보여주고 있다. 개구부 추락위험 방지시설물을 3가지 쓰시오.

해답 ① 안전난간 설치
② 울 및 손잡이 설치
③ 덮개를 설치하는 경우 뒤집히거나 떨어지지 않도록 할 것
④ 추락방호망 설치
⑤ 안전대 착용
⑥ 어두운 장소에서도 알아볼 수 있도록 개구부임을 표시

02.
동영상은 작업자가 안전대를 착용하지 않은 상태에서 낙하물방지망을 보수하던 중 발을 디딘 지지대가 부러지면서 추락하는 장면을 보여주고 있다. 동영상을 보고 낙하물방지망 보수작업 중 일어난 재해의 종류와 방지대책을 2가지 쓰시오.

해답 (1) 재해의 종류 : 추락
(2) 재해 방지대책 : ① 안전대 부착설비 설치 및 안전대 착용, ② 작업발판 설치

05.

굴착기로 흙을 퍼서 덤프트럭에 담는 작업장에서 근로자들은 보호구를 착용하지 않고 작업을 하고 있으며, 유도자 없이 덤프트럭이 나가고 들어오는 장면을 보여주고 있다. 동영상을 참고하여 재해방지조치 3가지를 쓰시오.

➡해답 ① 작업 유도자 배치 및 작업반경 내 근로자 접근금지
② 덤프트럭 바퀴에 고임목(쐐기)을 설치하여 급작스런 유동 방지
③ 적재적량 상차 및 덮개를 덮고 운반
④ 지반을 고르게 하고 수평 유지
⑤ 살수 실시 및 운행속도 제한

06.

건설현장에서 보호구를 착용하지 않은 작업자가 아래쪽에서 위쪽으로 단관비계 부재를 세로로 들어올려주고 있다. 동영상을 참고하여 발생 가능한 사고를 2가지 쓰시오.

➡해답 ① 작업자의 안전대, 안전모 미착용으로 인한 추락위험
② 작업발판 미설치로 인한 추락위험
③ 재료·기구 또는 공구 등을 올리거나 내리는 경우 달줄 또는 달포대 미사용으로 인한 낙하위험

O4.
작업자가 목재 가공용 둥근톱 기계를 사용하기 전 가설분전함의 누전차단기 작동상태 및 전선 체결상태를 점검한 후 둥근톱 기계로 합판을 절단하다 사고가 발생하였다.
(1) 동영상에서 알 수 있는 재해발생 원인을 2가지 쓰시오.
(2) 누전차단기를 반드시 설치해야 하는 작업장소를 쓰시오.

➡해답 (1) 재해발생 원인
　　　　① 분할날 반발예방장치 미설치
　　　　② 톱날접촉 예방장치 미설치
　　　　③ 작업 시 장갑 착용

　　　(2) 누전차단기 설치장소
　　　　① 물 등 도전성이 높은 액체에 의한 습윤 장소
　　　　② 철판·철골 위 등 도전성이 높은 장소
　　　　③ 임시배선의 전로가 설치되는 장소

O6.
강교량 건설현장 동영상이다. 교량의 상부에 보호구를 미착용한 근로자들이 작업하고 있다. 동영상을 참고하여 추락방지시설 2가지를 쓰시오.(단, 추락방호망 제외)

➡해답 ① 작업(통로)발판 설치
　　　② 안전대 부착설비 설치 및 안전대 착용
　　　③ 추락 방지용 추락방호망 설치
　　　④ 작업발판 단부, 스틸박스 단부에 안전난간 설치

O7.
사진에 보여진 아파트의 작업층에 필요한 안전시설의 종류를 2가지 쓰시오

[해답] ① 안전난간 설치
② 낙하물 방지망 설치

O8.
동영상은 한 줄 걸이를 이용하여 하수관을 이동하던 중 하수관이 낙하하여 작업자가 깔리는 재해를 보여주고 있다. 동영상을 참고하여 재해의 유형과 예방사항을 쓰시오.

[해답] 1) 사고유형 : 끼임(협착)
2) 사고 방지대책
① 화물의 인양작업 시에는 이동식 크레인 등 양중기를 사용할 것
② 인양물을 인양로프에 체결 시 2줄 걸이로 할 것
③ 인양물 하부에 근로자의 접근을 통제할 것
④ 작업 전 인양로프의 이상 여부를 확인할 것

05.

아파트 건설현장 외부 비계에서 작업자가 자재를 위층으로 올리던 중 위층 작업자가 자재를 놓쳐 자재가 떨어지는 사고가 발생하였다. 이때, 위험요인 3가지를 쓰시오.

[해답] ① 낙하 자재가 비계 위 근로자를 가격함으로 인한 근로자 추락위험
② 작업구간 하부 근로자 출입통제 미실시로 인한 낙하위험
③ 재료·기구 또는 공구 등을 올리거나 내리는 경우 달줄 또는 달포대 미사용으로 인한 낙하위험

06.

아파트 건설현장을 보여주고 있다. 이와 같은 아파트 건설현장에서 화물의 낙하·비래 위험이 있는 경우 조치해야 할 사항 2가지를 쓰시오.

[해답] ① 낙하물 방지망 설치 ② 출입금지구역의 설정
③ 방호선반 설치 ④ 작업자의 안전모 착용 지시

O8.
작업자가 외부비계를 타고 올라가고 있다. 동영상을 참고하여 현장에서 추락재해를 유발하는 불안전한 요인을 3가지 쓰시오.

➡해답 ① 작업발판 단부에 안전난간 미설치
② 근로자가 외부비계 위 작업장으로 이동할 수 있는 승강설비, 가설계단 미설치
③ 외부비계 위 통로에 대리석 자재가 적치되어 안전통로 미확보

출제연도 　2012년 2회(A형)

O1.
터널공사 현장에서 천공기를 사용하여 구멍을 뚫고 있는 장면을 보여주고 있다. 화약류 취급 시 유의해야 할 사항 3가지를 쓰시오.

➡해답 ① 화약이나 폭약을 장전하는 경우에는 그 부근에서 화기를 사용하거나 흡연을 하지 않도록 할 것
② 장전구(裝塡具)는 마찰·충격·정전기 등에 의한 폭발의 위험이 없는 안전한 것을 사용할 것
③ 발파공의 충진재료는 점토·모래 등 발화성 또는 인화성의 위험이 없는 재료를 사용할 것

03.
작업자가 이동식 비계 최상부에 올라가서 작업을 하고 있다. 이때 재해예방을 위한 안전조치사항 3가지를 쓰시오.

해답 ① 작업발판은 항상 수평을 유지한다.
② 최상부 작업발판 단부에는 안전난간을 설치한다.
③ 근로자는 안전대를 걸고 작업한다.
④ 이동식 비계가 전도되지 않도록 시설물에 고정하거나 아웃트리거를 설치한다.

04.
아파트 건설공사 장면을 보여주고 있다. 아파트 건설공사 작업 시 추락재해 방지조치를 3가지 쓰시오.

해답 ① 안전난간, 울타리, 수직형 추락방망 설치
② 충분한 강도를 가진 구조로 덮개를 튼튼하게 설치
③ 어두운 장소에서도 알아볼 수 있도록 개구부임을 표시
④ 추락방호망 설치
⑤ 근로자 안전대 착용

06.

작업자가 밀폐장소에서 작업하던 중 쓰러지는 동영상을 보여주고 있다. 이와 같은 밀폐된 공간, 즉 잠함, 우물통, 수직갱 등에서 작업 시 산소결핍기준 및 환기가 불가능 할 경우 착용해야 하는 보호구의 종류를 쓰시오.

→ **해답** (1) 결핍기준 : 공기 중의 산소농도가 18% 미만인 상태
　　　　 (2) 보호구 : 송기마스크, 산소마스크

08.

교량 건설공사 중 스틸박스 거더를 설치하고 있는 동영상을 보여주고 있다. 교량 상부공 작업 시 작업자가 하부로 추락하는 재해가 발생하였다. 이때 재해예방대책을 4가지 쓰시오.

➡️**해답** ① 작업(통로)발판 설치
② 안전대 부착설비 설치 및 안전대 착용
③ 추락방지용 추락방호망 설치
④ 작업발판 단부, 스틸박스 단부에 안전난간 설치

출제연도 2012년 4회(A형)

O5.
콘크리트타설장비로 콘크리트를 타설 중인 모습을 보여주고 있다. 거푸집 위에서 근로자는 작업하고 있고, 작업발판과 안전난간이 설치되지 않았다. 붐대 위 전선이 있다. 콘크리트타설장비에 대한 위험요인과 근로자의 위험요인을 쓰시오.

➡️**해답** (1) 콘크리트타설장비에 대한 위험요인 : 붐 조정 시 인접 전선에 의한 감전위험
(2) 근로자 위험요인 : 붐의 선회, 요동 시 접촉으로 인한 추락위험

O6.
굴착기로 흙을 퍼서 덤프트럭에 담는 작업장에서 근로자들은 보호구를 착용하지 않고 작업을 하고 있으며, 유도자 없이 덤프트럭이 나가고 들어오는 장면을 보여주고 있다. 동영상을 참고하여 재해방지조치 3가지를 쓰시오.

✚ 제2과목 건설안전

➡해답 ① 작업 유도자 배치 및 작업반경 내 근로자 접근금지
② 덤프트럭 바퀴에 고임목(쐐기)을 설치하여 급작스런 유동 방지
③ 적재적량 상차 및 덮개를 덮고 운반
④ 지반을 고르게 하고 수평 유지
⑤ 살수 실시 및 운행속도 제한

출제연도 | 2012년 4회(B형)

01.
흙막이 공사 시 재해예방을 위한 조치사항 2가지를 쓰시오.

➡해답 ① 흙막이 지보공의 재료로 변형·부식되거나 심하게 손상된 것을 사용해서는 안 된다.
② 흙막이 지보공을 조립하는 경우 미리 조립도를 작성하여 그 조립도에 따라 조립하도록 해야 한다.
③ 흙막이 지보공을 설치하였을 때에는 정기적으로 부재의 손상·변형·부식·변위 및 탈락의 유무와 상태 등을 점검하고 이상을 발견하면 즉시 보수하여야 한다.
④ 설계도서에 따른 계측을 하고 계측 분석 결과 토압의 증가 등 이상한 점을 발견한 경우에는 즉시 보강조치를 하여야 한다.

05.
작업자가 이동식 비계 위에서 자재를 옮기는 장면을 보여주고 있다. 동영상을 참고하여 이동식 비계 작업 시 위험요인을 3가지 쓰시오.

➡해답 ① 이동식 비계 작업발판 단부에 안전난간 미설치로 인한 추락위험
② 승강 사다리를 이용하여 이동식 비계에 승강 중 추락위험
③ 이동식 비계의 전도위험
④ 이동식 비계의 갑작스런 움직임에 의한 탑승 근로자 추락위험

06.
교량 건설공사 사진이다. 사진을 보고 추락재해를 방지하기 위해 조치해야 할 사항을 3가지 쓰시오.

➡해답 ① 작업(통로)발판 설치
② 안전대 부착설비 설치 및 안전대 착용
③ 추락방지용 추락방호망 설치
④ 작업발판 단부, 스틸박스 단부에 안전난간 설치

07.

건설현장에서 보호구를 착용하지 않은 작업자가 아래쪽에서 위쪽으로 단관비계 부재를 세로로 들어올려주고 있다. 동영상을 참고하여 발생 가능한 사고를 2가지 쓰시오.

해답 ① 작업자의 안전대, 안전모 미착용으로 인한 추락위험
② 작업발판 미설치로 인한 추락위험
③ 재료·기구 또는 공구 등을 올리거나 내리는 경우 달줄 또는 달포대 미사용으로 인한 낙하위험

08.

철근 운반작업을 하는 동영상이다. 철근 운반 시 주의사항을 3가지 쓰시오.

해답 ① 2개 이상 철근을 운반할때는 양 끝을 묶어 운반한다.
② 내려놓을 때에는 튕기지 않도록 던지지 말고 천천히 내려놓는다.
③ 길이가 긴 철근의 경우 2인 1조로 어깨 메기로 운반한다.

Subject **03**

산업안전보건법(규칙)

실기 **3**차 작업형

Industrial Engineer Construction Safety

Contents

■ 예상문제풀이

예상문제풀이

■ Industrial Engineer Construction Safety

출제분야	산업안전보건법(규칙)
작업명	비계 조립·해체작업

동영상 설명 건물 외벽을 따라 강관비계가 설치되어 있다.

문제 다음은 강관비계 구조에 관한 내용이다. 빈칸을 채워 넣으시오.

(1) 비계 기둥의 간격은 띠장 방향에서 (①)m 이하
(2) 장선 방향에서는 (②)m 이하
(3) 띠장은 (③)m 이하로 설치
(4) 비계 기둥 제일 윗부분으로부터 (④)m되는 지점 밑부분은 비계 기둥을 2개의 강관으로 묶어 세움
(5) 비계 기둥 간의 적재하중 (⑤)kg 이하

➡해답 ① 1.85 ② 1.5 ③ 2 ④ 31 ⑤ 400

문제 강관비계의 작업에서 준수할 사항으로 다음 (   ) 안에 적합한 말을 채우시오.

(1) 비계 기둥에는 미끄러지거나 (①)하는 것을 방지하기 위하여 밑받침 철물을 사용
(2) 강관의 접속부 또는 교차부는 적합한 (②)을 사용하여 접속하거나 단단히 묶을 것
(3) 강관비계는 5×5m 이내마다 벽이음 또는 (③)을 설치할 것

해답 ① 침하
② 부속철물
③ 버팀

문제 5m 이상의 비계의 조립·해체·변경작업 시 준수사항을 3가지 쓰시오.

해답 ① 관리감독자의 지휘에 따라 작업하도록 할 것
② 조립·해체 또는 변경의 시기·범위 및 절차를 그 작업에 종사하는 근로자에게 주지시킬 것
③ 조립·해체 또는 변경 작업구역에는 해당 작업에 종사하는 근로자가 아닌 사람의 출입을 금지하고 그 내용을 보기 쉬운 장소에 게시할 것
④ 비, 눈, 그 밖의 기상상태의 불안정으로 날씨가 몹시 나쁜 경우에는 그 작업을 중지시킬 것
⑤ 비계재료의 연결·해체작업을 하는 경우에는 폭 20cm 이상의 발판을 설치하고 근로자로 하여금 안전대를 사용하도록 하는 등 추락을 방지하기 위한 조치를 할 것
⑥ 재료·기구 또는 공구 등을 올리거나 내리는 경우에는 근로자가 달줄 또는 달포대 등을 사용하게 할 것

 건물 외벽 쌍줄비계에서 작업을 하고 있는 사진이다.

문제 비계를 조립·해체하거나 변경하는 작업을 하는 경우 준수사항 3가지를 쓰시오.

해답 ① 근로자가 관리감독자의 지휘에 따라 작업하도록 할 것
② 조립·해체 또는 변경의 시기·범위 및 절차를 그 작업에 종사하는 근로자에게 주지시킬 것
③ 조립·해체 또는 변경 작업구역에는 해당 작업에 종사하는 근로자가 아닌 사람의 출입을 금지하고 그 내용을 보기 쉬운 장소에 게시할 것
④ 비, 눈, 그 밖의 기상상태의 불안정으로 날씨가 몹시 나쁜 경우에는 그 작업을 중지시킬 것
⑤ 비계재료의 연결·해체작업을 하는 경우에는 폭 20센티미터 이상의 발판을 설치하고 근로자로 하여금 안전대를 사용하도록 하는 등 추락을 방지하기 위한 조치를 할 것
⑥ 재료·기구 또는 공구 등을 올리거나 내리는 경우에는 근로자가 달줄 또는 달포대 등을 사용하게 할 것

 외부비계에 경사로가 설치되어 있는 사진이다.

🏢문제 경사로 사진을 보고 빈칸에 알맞은 숫자를 쓰시오.

(1) 비탈면의 경사각은 (①) 이내로 하고 미끄럼막이를 설치한다.
(2) 경사로 지지기둥은 (②) 이내마다 설치하여야 한다.
(3) 높이 (③) 이내마다 계단참을 설치하여야 한다.

➡해답 ① 30°
② 3m
③ 7m

출제분야	산업안전보건법(규칙)
작업명	이동식 비계작업

동영상 설명 이동식 비계 위로 작업자가 올라가고 있는 장면을 보여주고 있다.

문제 승강용 사다리는 보이지 않고, 이동식 비계의 바퀴가 흔들거리는 장면을 보여주면서 작업자가 추락한다. 이와 같은 이동식 비계를 조립하는 경우 준수사항 3가지를 쓰시오.

해답 ① 이동식 비계의 바퀴에는 뜻밖의 갑작스러운 이동 또는 전도를 방지하기 위해 브레이크·쐐기 등으로 바퀴를 고정시킨 다음 비계의 일부를 견고한 시설물에 고정하거나 아웃트리거(Outrigger)를 설치하는 등 필요한 조치를 할 것
② 승강용 사다리는 견고하게 설치할 것
③ 비계의 최상부에서 작업을 할 경우에는 안전난간을 설치할 것
④ 작업발판은 항상 수평을 유지하고 작업발판 위에서 안전난간을 딛고 작업하거나 받침대 또는 사다리를 사용하여 작업하지 않도록 할 것
⑤ 작업발판의 최대 적재하중은 250kg을 초과하지 않도록 할 것

 동영상 설명 천장 부분의 작업을 위해서 이동식 사다리가 설치되어 있다.

문제 이동식 사다리의 설치기준을 3가지 쓰시오.

해답 ① 견고한 구조로 할 것
② 재료는 심한 손상·부식 등이 없을 것
③ 발판의 간격은 동일하게 할 것
④ 발판과 벽의 사이는 15cm 이상의 간격을 유지할 것
⑤ 폭은 30cm 이상으로 할 것
⑥ 사다리가 넘어지거나 미끄러지는 것을 방지하기 위한 조치를 할 것
⑦ 사다리의 상단은 걸쳐 놓은 지점으로부터 60cm 이상 올라가도록 할 것

출제분야	산업안전보건법(규칙)
작업명	거푸집 동바리작업

동영상설명 거푸집 동바리인 파이프 서포트가 설치되어 있다.

문제 거푸집 동바리 조립 시 준수해야 하는 사항을 3가지 쓰시오.

해답
1. 받침목이나 깔판의 사용, 콘크리트 타설, 말뚝박기 등 동바리의 침하를 방지하기 위한 조치를 할 것
2. 동바리의 상하 고정 및 미끄러짐 방지 조치를 할 것
3. 상부·하부의 동바리가 동일 수직선상에 위치하도록 하여 깔판·받침목에 고정시킬 것
4. 개구부 상부에 동바리를 설치하는 경우에는 상부하중을 견딜 수 있는 견고한 받침대를 설치할 것
5. U헤드 등의 단판이 없는 동바리의 상단에 멍에 등을 올릴 경우에는 해당 상단에 U헤드 등의 단판을 설치하고, 멍에 등이 전도되거나 이탈되지 않도록 고정시킬 것
6. 동바리의 이음은 같은 품질의 재료를 사용할 것
7. 강재의 접속부 및 교차부는 볼트·클램프 등 전용철물을 사용하여 단단히 연결할 것
8. 거푸집의 형상에 따른 부득이한 경우를 제외하고는 깔판이나 받침목은 2단 이상 끼우지 않도록 할 것
9. 깔판이나 받침목을 이어서 사용하는 경우에는 그 깔판·받침목을 단단히 연결할 것

<table>
<tr><td>출제분야</td><td>산업안전보건법(규칙)</td></tr>
<tr><td>작업명</td><td>인양작업</td></tr>
</table>

동영상 설명 와이어로프의 체결상태를 보여주고 있다.

문제 와이어로프의 체결상태가 올바른 것을 고르고 그 이유를 설명하시오.

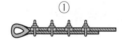 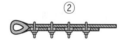

① ②

해답 (1) 올바른 것 : ①

(2) 이유 : 클립의 새들(Saddle)은 와이어로프의 힘이 걸리는 쪽에 위치해야 한다.

문제 와이어로프의 클립체결 시 클립 수를 쓰시오.

와이어로프 지름(mm)	클립 개수
16 이하	(①)개 이상
16 초과 28 이하	(②)개 이상
28 초과	(③)개 이상

해답 ① 4개 ② 5개 ③ 6개

 이동식 크레인의 와이어로프를 사용하여 자재를 인양하고 있다.

문제 와이어로프의 사용금지 기준을 3가지 쓰시오.

해답 ① 이음매가 있는 것
② 와이어로프의 한 꼬임(스트랜드)에서 끊어진 소선[素線. 필러(Pillar)선은 제외]의 수가 10% 이상(비자전로프의 경우에는 끊어진 소선의 수가 와이어로프 호칭지름의 6배 길이 이내에서 4개 이상이거나 호칭지름 30배 길이 이내에서 8개 이상)인 것
③ 지름의 감소가 공칭지름의 7%를 초과하는 것
④ 꼬인 것
⑤ 심하게 변형 또는 부식된 것
⑥ 열과 전기충격에 의해 손상된 것

출제분야	산업안전보건법(규칙)
작업명	굴착공사

동영상 설명 백호로 경사면을 굴착하고 있는 모습이다.

문제 굴착작업 시 토사등의 붕괴 또는 낙하를 방지하기 위해 작업 시작 전 점검해야 할 사항을 2가지 쓰시오.

해답 ① 형상·지질 및 지층의 상태
② 균열·함수·용수 및 동결의 유무 또는 상태
③ 매설물 등의 유무 또는 상태
④ 지반의 지하수위 상태

동영상 설명 배수구조물 설치를 위한 터파기 작업이 진행 중이다.

문제 지반의 기울기 기준을 모래, 연암 및 풍화암, 경암, 그 밖의 흙에 대하여 쓰시오.

해답

지반의 종류	굴착면의 기울기
모래	1 : 1.8
연암 및 풍화암	1 : 1.0
경암	1 : 0.5
그 밖의 흙	1 : 1.2

출제분야	산업안전보건법(규칙)
작업명	흙막이 가시설 설치공사

동영상 설명 굴착 작업장의 흙막이 구조물을 보여주고 있다.

문제 이와 같은 흙막이 지보공을 설치한 때에 정기적으로 점검하여 이상 발견 시 즉시 보수하여야 하는 사항을 3가지 쓰시오.

해답 ① 부재의 손상·변형·부식·변위 및 탈락의 유무와 상태
② 버팀대의 긴압의 정도
③ 부재의 접속부·부착부 및 교차부의 상태
④ 침하의 정도

출제분야	산업안전보건법(규칙)
작업명	터널공사

동영상 설명 터널 굴착(발파)작업이 진행되고 있다.

문제 터널 굴착작업 시 시공계획에 포함되어야 할 사항 3가지를 쓰시오.

해답 ① 굴착의 방법
② 터널지보공 및 복공의 시공방법과 용수의 처리방법
③ 환기 또는 조명시설을 하는 때에는 그 방법

동영상 설명 터널공사 현장에서 천공기를 사용하여 구멍을 뚫고 있는 장면이다.

문제 터널공사 작업 시 자동경보장치에 대하여 당일 작업시작 전에 이상을 발견하면 즉시 보수 해야 할 사항 3가지를 쓰시오.

해답 ① 계기의 이상 유무
② 검지부의 이상 유무
③ 경보장치의 작동상태

동영상 설명 터널 내부에서 강아치 지보공을 설치하는 작업 중이다.

문제 터널공사의 강아치 지보공 조립 시 준수해야 할 사항을 3가지 쓰시오.

해답 ① 조립간격은 조립도에 따를 것
② 주재가 아치 작용을 충분히 할 수 있도록 쐐기를 박는 등 필요한 조치를 할 것
③ 연결볼트 및 띠장 등을 사용하여 주재 상호 간을 튼튼하게 연결할 것
④ 터널 등의 출입구 부분에는 받침대를 설치할 것
⑤ 낙하물에 의하여 근로자에게 위험을 미칠 우려가 있는 때에는 널판 등을 설치할 것

 압쇄기를 이용한 건물 해체작업이 실시되고 있다.

문제 위와 같은 건물 해체작업 시 공법의 종류와 해체작업 계획에 포함되어야 하는 사항 3가지를 쓰시오.

→해답 (1) 공법의 종류 : 압쇄공법
(2) 해체작업계획 포함사항
　　① 해체의 방법 및 해체순서 도면
　　② 가설설비, 방호설비, 환기설비 및 살수·방화설비 등의 방법
　　③ 사업장 내 연락방법
　　④ 해체물의 처분계획
　　⑤ 해체작업용 기계·기구 등의 작업계획서
　　⑥ 해체작업용 화약류 등의 사용계획서

출제분야	산업안전보건법(규칙)
작업명	추락재해

동영상설명 건설현장의 개구부를 보여주고 있다.

문제 동영상에서 보여주고 있는 바닥 개구부나 가설 구조물의 단부에서 추락위험을 방지하기 위해 설치해야 하는 안전난간의 구조 및 설치요건을 (   ) 안에 써 넣으시오.

1. 안전난간은 (①), (②), (③) 및 (④)으로 구성한다.
2. (①)은 바닥면 발판 또는 경사로의 표면으로부터 (⑤) 이상 지점에 설치하고, 상부 난간대를 (⑥) 이하에 설치하는 경우에는 (②)는 (①)와 바닥면 등의 중간에 설치하여야 하며, (⑥) 이상 지점에 설치하는 경우에는 (②)를 2단 이상으로 균등하게 설치하고 난간의 상하 간격은 60cm 이하가 되도록 한다. 다만, 계단의 개방된 측면에 설치된 난간기둥 간의 간격이 25cm 이하인 경우에는 중간 난간대를 설치하지 아니할 수 있다.
3. (③)은 바닥면 등으로부터 (⑦) 이상의 높이를 유지한다.

해답 ① 상부 난간대 ② 중간 난간대
③ 발끝막이판 ④ 난간기둥
⑤ 90cm ⑥ 120cm
⑦ 10cm

동영상 설명 철골공사현장에 설치한 추락방호망을 보여주고 있다.

문제 추락방지용 추락방호망에 표시해야 하는 사항 3가지를 쓰시오.

해답 ① 제조자명
② 제조연월
③ 그물코의 크기
④ 인장강도

출제분야	산업안전보건법(규칙)
작업명	낙하·비래재해

동영상설명 작업자가 건물 외측에 설치한 낙하물방지망을 보수하고 있다.

문제 이와 같이 낙하물방지망을 설치할 때 작업자가 착용해야 하는 보호구(①) 및 설치기준에 대하여 (   ) 안에 알맞은 단어를 써 넣으시오.

1) 높이 (②)m 이내마다 설치하고, 내민 길이는 벽면으로부터 (③)m 이상으로 할 것
2) 수평면과의 각도는 (④) 이하를 유지할 것

해답 ① 안전대   ② 10
③ 2   ④ 20~30°

 사진은 낙하물 방지망을 보여주고 있다.

낙하물 방지망의 최초 사용개시 후 시험기간과 정기시험기간을 쓰시오.

해답 ① 최초 사용개시 후 시험기간 : 1년
② 정기시험기간 : 6개월마다

동영상 설명 충전부가 노출되어 있는 가설 분전반의 사진을 보여주고 있다.

문제 이와 같이 직접접촉에 의한 감전위험이 있을 경우 방호대책을 3가지 쓰시오.

해답 ① 충전부가 노출되지 않도록 폐쇄형 외함이 있는 구조로 할 것
② 충전부에 충분한 절연효과가 있는 방호망 또는 절연덮개를 설치할 것
③ 충전부는 내구성이 있는 절연물로 완전히 덮어 감쌀 것
④ 발전소·변전소 및 개폐소 등 구획되어 있는 장소로서 관계 근로자가 아닌 사람의 출입이 금지되는 장소에 충전부를 설치하고, 위험표시 등의 방법으로 방호를 강화할 것
⑤ 전주 위 및 철탑 위 등 격리되어 있는 장소로서 관계 근로자가 아닌 사람이 접근할 우려가 없는 장소에 충전부를 설치할 것
⑥ 노출 충전부가 있는 맨홀 또는 지하실 등의 밀폐공간에서 작업하는 경우에는 노출 충전부와의 접촉으로 인한 전기위험을 방지하기 위하여 덮개, 울타리 또는 절연 칸막이 등을 설치할 것
⑦ 감전위험을 방지하기 위하여 개폐되는 문, 경첩이 있는 패널 등(분전반 또는 제어반 문)을 견고하게 고정할 것

 교류아크 용접기로 상수도관 연결부위를 용접하는 동영상을 보여주고 있다.

문제 이와 같은 용접작업을 할 때 근로자가 착용한 보호구의 종류 3가지와 용접기의 방호장치를 쓰시오.

───────────────────────────

해답 (1) 착용 보호구
　　　① 용접용 보안면
　　　② 용접용 안전장갑
　　　③ 용접용 앞치마
　　(2) 방호장치 : 자동전격방지기

출제분야	산업안전보건법(규칙)
작업명	질식재해

동영상 설명 작업자가 밀폐장소에서 작업하던 중 쓰러지는 동영상을 보여주고 있다.

문제 밀폐된 공간, 즉 잠함, 우물통, 수직갱 등에서 작업 시 산소결핍기준 및 결핍 시 조치사항 3가지를 쓰시오.

해답 (1) 결핍기준 : 공기 중의 산소농도가 18% 미만인 상태
    (2) 조치사항
       ① 산소 결핍 우려가 있는 경우에는 산소의 농도를 측정하는 사람을 지명하여 측정하도록 할 것
       ② 근로자가 안전하게 오르내리기 위한 설비를 설치할 것
       ③ 굴착 깊이가 20m를 초과하는 경우에는 해당 작업장소와 외부와의 연락을 위한 통신설비 등을 설치할 것

※ 아래 그림들은 실제 출제되는 동영상문제와 다를 수 있습니다.

| 출제연도 | 2006년 4회(A형) |

01.
작업자가 이동식 비계를 사용하여 작업을 하고 있다. 이때 이동식비계의 조립기준 3가지를 쓰시오.

➡해답 ① 이동식 비계의 바퀴에는 뜻밖의 갑작스러운 이동 또는 전도를 방지하기 위하여 브레이크 · 쐐기 등으로 바퀴를 고정시킨 다음 비계의 일부를 견고한 시설물에 고정하거나 아웃트리거(outrigger)를 설치하는 등 필요한 조치를 할 것
② 승강용 사다리는 견고하게 설치할 것
③ 비계의 최상부에서 작업을 할 경우에는 안전난간을 설치할 것
④ 작업발판은 항상 수평을 유지하고 작업발판 위에서 안전난간을 딛고 작업을 하거나 받침대 또는 사다리를 사용하여 작업하지 않도록 할 것
⑤ 작업발판의 최대 적재하중은 250kg을 초과하지 않도록 할 것

02.
와이어로프를 보여주고 있다. 이러한 권상용 와이어로프의 사용금지 기준 3가지를 쓰시오.

→해답 ① 이음매가 있는 것
② 와이어로프의 한 꼬임(스트랜드)에서 끊어진 소선[素線, 필러(Pillar)선은 제외]의 수가 10% 이상(비자전로프의 경우에는 끊어진 소선의 수가 와이어로프 호칭지름의 6배길이 이내에서 4개 이상이거나 호칭지름 30배 길이 이내에서 8개 이상)인 것
③ 지름의 감소가 공칭지름의 7%를 초과하는 것
④ 꼬인 것
⑤ 심하게 변형 또는 부식된 것
⑥ 열과 전기충격에 의해 손상된 것

03.
터널 굴착작업이 진행되고 있다. 터널공사 작업 시작 전 자동경보장치에 대하여 당일 작업시작 전 점검하고 이상 발견 즉시 보수해야 할 사항 3가지를 쓰시오.

→해답 ① 계기의 이상 유무
② 검지부의 이상 유무
③ 경보장치의 작동상태

04.
외부비계에 가설통로가 설치되어 있다. 이러한 가설통로의 설치기준 3가지를 쓰시오.

해답 ① 견고한 구조로 할 것
② 경사는 30° 이하로 할 것. 다만, 계단을 설치하거나 높이 2미터 미만의 가설통로로서 튼튼한 손잡이를 설치한 경우에는 그러하지 아니하다.
③ 경사가 15°를 초과하는 경우에는 미끄러지지 아니하는 구조로 할 것
④ 추락할 위험이 있는 장소에는 안전난간을 설치할 것. 다만, 작업상 부득이한 경우에는 필요한 부분만 임시로 해체할 수 있다.
⑤ 수직갱에 가설된 통로의 길이가 15m 이상인 경우에는 10m 이내마다 계단참을 설치할 것
⑥ 건설공사에 사용하는 높이 8m 이상인 비계다리에는 7m 이내마다 계단참을 설치할 것

07.
이동식 사다리의 설치기준 3가지를 쓰시오.

해답 ① 견고한 구조로 할 것
② 재료는 심한 손상·부식 등이 없을 것
③ 발판의 간격은 동일하게 할 것
④ 발판과 벽의 사이는 15cm 이상의 간격을 유지할 것
⑤ 폭은 30cm 이상으로 할 것
⑥ 사다리가 넘어지거나 미끄러지는 것을 방지하기 위한 조치를 할 것
⑦ 사다리의 상단은 걸쳐 놓은 지점으로부터 60cm 이상 올라가도록 할 것

출제연도 2006년 4회(B형)

03.
터널 굴착작업이 진행되고 있다. 터널공사 작업 시작 전 자동경보장치에 대하여 당일 작업시작 전 점검하고 이상 발견 즉시 보수해야 할 사항 3가지를 쓰시오.

⇒해답 ① 계기의 이상 유무
② 검지부의 이상 유무
③ 경보장치의 작동상태

04.
철골작업 장면을 보여주고 있다. 철골작업 시 기상상태에 따른 작업제한 조건 3가지를 쓰시오.

⇒해답 ① 풍속이 초당 10m 이상인 경우
② 강우량이 시간당 1mm 이상인 경우
③ 강설량이 시간당 1cm 이상인 경우

출제연도 2007년 1회(A형)

04.
사진에서 보여주고 있는 건설기계 작업 시 그 기계가 넘어지거나 굴러떨어짐으로써 근로자가 위험해질 우려가 있는 경우 취해야 할 조치사항 3가지를 쓰시오.

➡ 해답 ① 유도하는 사람 배치   ② 지반의 부동침하 방지
③ 갓길의 붕괴 방지   ④ 도로 폭의 유지

06.
건물 외벽 쌍줄비계에서 작업을 하고 있는 동영상을 보여주고 있다. 위와 같이 높이 5m 이상의 비계를 조립·해체하거나 변경하는 작업을 하는 경우 관리감독자가 수행해야 할 유해·위험 방지 업무 3가지를 쓰시오.

➡ 해답 ① 재료의 결함 유무를 점검하고 불량품을 제거하는 일
② 기구, 공구, 안전대 및 안전모 등의 기능을 점검하고 불량품을 제거하는 일
③ 작업방법 및 근로자의 배치를 결정하고 작업 진행 상태를 감시하는 일
④ 안전대 및 안전모 등의 착용상황을 감시하는 일

07.
철골공사현장에 설치한 추락방호망을 보여주고 있다. 매듭이 있는 방망을 신품으로 설치하는 경우 다음 그물코의 종류에 따른 방망사의 인장강도를 쓰시오.

1) 5cm 그물코 : (①)
2) 10cm 그물코 : (②)

➡해답 ① 110kg   ② 200kg

08.
작업자가 이동식 비계를 사용하여 작업을 하고 있다. 이때 이동식 비계의 조립기준 3가지를 쓰시오.

➡해답 ① 이동식 비계의 바퀴에는 뜻밖의 갑작스러운 이동 또는 전도를 방지하기 위하여 브레이크·쐐기 등으로 바퀴를 고정시킨 다음 비계의 일부를 견고한 시설물에 고정하거나 아웃트리거(outrigger)를 설치하는 등 필요한 조치를 할 것
② 승강용 사다리는 견고하게 설치할 것
③ 비계의 최상부에서 작업을 할 경우에는 안전난간을 설치할 것
④ 작업발판은 항상 수평을 유지하고 작업발판 위에서 안전난간을 딛고 작업을 하거나 받침대 또는 사다리를 사용하여 작업하지 않도록 할 것
⑤ 작업발판의 최대 적재하중은 250kg을 초과하지 않도록 할 것

출제연도 2007년 2회(A형)

03.
엄지말뚝, 토류판 및 어스앵커 구조로 된 흙막이 지보공을 보여주는 동영상이다. 이와 같은 흙막이 지보공 작업 시 정기적으로 점검해야 할 사항 3가지를 쓰시오.

➡해답 ① 부재의 손상·변형·부식·변위 및 탈락의 유무와 상태
② 버팀대의 긴압의 정도
③ 부재의 접속부·부착부 및 교차부의 상태
④ 침하의 정도

07.
건물 외벽 쌍줄비계에서 작업을 하고 있는 동영상을 보여주고 있다. 이와 같이 높이 5m 이상의 비계를 조립·해체하거나 변경하는 작업을 하는 경우 관리감독자가 수행해야 할 유해·위험 방지 업무 3가지를 쓰시오.

➡해답 ① 재료의 결함 유무를 점검하고 불량품을 제거하는 일
② 기구, 공구, 안전대 및 안전모 등의 기능을 점검하고 불량품을 제거하는 일
③ 작업방법 및 근로자의 배치를 결정하고 작업 진행 상태를 감시하는 일
④ 안전대 및 안전모 등의 착용상황을 감시하는 일

02.
충전부가 노출되어 있는 전기기계·기구의 사진을 보여주고 있다. 이와 같이 직접접촉에 의한 감전위험이 있는 경우 충전부의 방호조치사항 3가지를 쓰시오.

➡해답 ① 충전부가 노출되지 않도록 폐쇄형 외함이 있는 구조로 할 것
② 충전부에 충분한 절연효과가 있는 방호망 또는 절연덮개를 설치할 것
③ 충전부는 내구성이 있는 절연물로 완전히 덮어 감쌀 것
④ 발전소·변전소 및 개폐소 등 구획되어 있는 장소로서 관계 근로자가 아닌 사람의 출입이 금지되는 장소에 충전부를 설치하고, 위험표시 등의 방법으로 방호를 강화할 것
⑤ 전주 위 및 철탑 위 등 격리되어 있는 장소로서 관계 근로자가 아닌 사람이 접근할 우려가 없는 장소에 충전부를 설치할 것
⑥ 노출 충전부가 있는 맨홀 또는 지하실 등의 밀폐공간에서 작업하는 경우에는 노출 충전부와의 접촉으로 인한 전기위험을 방지하기 위하여 덮개, 울타리 또는 절연 칸막이 등을 설치할 것
⑦ 감전위험을 방지하기 위하여 개폐되는 문, 경첩이 있는 패널 등(분전반 또는 제어반 문)을 견고하게 고정할 것

03.
말비계 위에서 작업하는 동영상을 보여주고 있다. 이와 같은 말비계 조립·사용 시 준수사항 3가지를 쓰시오.

해답 ① 지주부재의 하단에는 미끄럼 방지장치를 하고, 양측 끝부분에 올라서서 작업하지 아니하도록
할 것
② 지주부재와 수평면과의 기울기를 75° 이하로 하고, 지주부재와 지주부재 사이를 고정시키는 보조
부재를 설치할 것
③ 말비계의 높이가 2m를 초과할 경우에는 작업발판의 폭을 40cm 이상으로 할 것

05.
동영상은 구조물 위에 지브 크레인을 설치하는 장면을 보여주고 있다. 이러한 지브 크레인 조립 등의 작업 시 조치사항 3가지를 쓰시오.

해답 ① 작업순서를 정하고 그 순서에 따라 작업을 할 것
② 작업을 할 구역에 관계 근로자가 아닌 사람의 출입을 금지하고 그 취지를 보기 쉬운 곳에
표시할 것
③ 비, 눈, 그 밖에 기상상태의 불안정으로 날씨가 몹시 나쁜 경우에는 그 작업을 중지시킬 것
④ 작업장소는 안전한 작업이 이루어질 수 있도록 충분한 공간을 확보하고 장애물이 없도록
할 것
⑤ 들어올리거나 내리는 기자재는 균형을 유지하면서 작업을 하도록 할 것
⑥ 크레인의 성능, 사용조건 등에 따라 충분한 응력(應力)을 갖는 구조로 기초를 설치하고 침하
등이 일어나지 않도록 할 것
⑦ 규격품인 조립용 볼트를 사용하고 대칭되는 곳을 차례로 결합하고 분해할 것

01.
건설현장에 추락방지를 위해 설치하는 추락방지용 추락방호망을 보여주고 있다. 이러한 추락방호망의 최초 검사시기와 검사주기를 쓰시오.

해답 (1) 최초 검사시기 : 사용개시 후 1년 이내
(2) 검사주기 : 6개월마다 정기적으로

02.
지하구조물 설치를 위한 터파기 작업이 진행 중이다. 이러한 지반 굴착 작업 시 (1) 풍화암에 대한 굴착면의 기울기 기준을 쓰고, (2) 굴착면 붕괴를 위한 방지대책을 3가지 쓰시오.

해답 (1) 풍화암의 굴착면 기울기 기준
　　　 1 : 1.0
(2) 굴착면 붕괴 방지대책
　　① 사면의 기울기 기준 준수
　　② 굴착사면에 비가 올 경우를 대비한 비닐보강 실시
　　③ 토사등의 붕괴 또는 낙하 원인이 되는 빗물이나 지하수 등을 배제할 수 있는 측구 설치
　　④ 낙하의 위험이 있는 토석을 제거하거나 옹벽, 흙막이 지보공 등 설치

04.

건설현장에 설치되어 있는 경사로를 보여주고 있다. 이와 같은 경사로를 설치할 때 경사각은 (①) 이내로 하고, 높이 (②) 이내마다 계단참을 설치하여야 하며, 경사로의 폭은 최소 (③) 이상이어야 한다.

해답 ① 30° ② 7m ③ 90cm

08.

토공기계의 작업을 동영상으로 보여주고 있다. 이러한 토공기계의 작업 시 무너짐 방지방법을 3가지 쓰시오.

해답 ① 연약한 지반에 설치하는 경우에는 아웃트리거·받침 등 지지구조물의 침하를 방지하기 위하여 버팀목이나 깔판 등을 사용할 것
② 시설 또는 가설물 등에 설치하는 경우에는 그 내력을 확인하고 내력이 부족하면 그 내력을 보강할 것
③ 아웃트리거·받침 등 지지구조물이 미끄러질 우려가 있는 경우에는 말뚝 또는 쐐기 등을 사용하여 해당 지지구조물을 고정시킬 것
④ 궤도 또는 차로 이동하는 항타기 또는 항발기에 대해서는 불시에 이동하는 것을 방지하기 위하여 레일 클램프(rail clamp) 및 쐐기 등으로 고정시킬 것
⑤ 상단 부분은 버팀대·버팀줄로 고정하여 안정시키고, 그 하단 부분은 견고한 버팀·말뚝 또는 철골 등으로 고정시킬 것

01.

거푸집 동바리 조립작업을 보여주고 있다. 이러한 거푸집 동바리 조립 시 준수해야 하는 사항으로 다음의 빈칸을 채우시오.

(1) 파이프서포트를 (①)본 이상 이어서 사용하지 않도록 할 것
(2) 파이프서포트를 이어서 사용할 때에는 (②)개 이상의 볼트 또는 전용철물을 사용하여 이을 것
(3) 높이가 3.5m를 초과할 때에는 높이 2m 이내마다 수평연결재를 (③)개 방향으로 만들고 수평 연결재의 변위를 방지할 것

[해답] ① 3　　② 4　　③ 2

02.

동영상은 작업자가 굴착작업장의 흙막이 구조물을 점검하고 있는 장면을 보여주고 있다. 이와 같은 흙막이 지보공을 설치한 때에 정기적으로 점검하여 이상 발견 시 즉시 보수하여야 하는 사항을 3가지 쓰시오.

[해답] ① 부재의 손상·변형·부식·변위 및 탈락의 유무와 상태
② 버팀대의 긴압의 정도
③ 부재의 접속부·부착부 및 교차부의 상태
④ 침하의 정도

출제연도   2008년 2회(A형)

02.
터널공사의 강아치 지보공 조립 시 준수해야 할 사항을 3가지 쓰시오.

해답 ① 조립간격은 조립도에 따를 것
② 주재가 아치 작용을 충분히 할 수 있도록 쐐기를 박는 등 필요한 조치를 할 것
③ 연결볼트 및 띠장 등을 사용하여 주재 상호 간을 튼튼하게 연결할 것
④ 터널 등의 출입구 부분에는 받침대를 설치할 것
⑤ 낙하물에 의하여 근로자에게 위험을 미칠 우려가 있을 때에는 널판 등을 설치할 것

07.
거푸집 동바리의 잘못된 설치로 거푸집의 붕괴사고가 발생한 장면이다. 거푸집 동바리의 붕괴원인을 3가지 쓰시오.

해답 ① 동바리의 이음을 맞댄이음 또는 장부이음으로 하고 같은 품질의 재료를 사용해야 하나 동바리와 이질재료를 혼합하여 사용함
② 파이프서포트를 이어서 사용할 때에는 4개 이상의 볼트 또는 전용철물을 사용하여 이어야 하나 이질재료에 못으로 고정하여 이음
③ 강재와 강재와의 접속부 및 교차부는 볼트·클램프 등 전용철물을 사용하여 단단히 연결해야 하나 전용철물 미사용

01.
5m 이상 비계의 해체 장면을 보여주고 있다. 이와 같은 작업 시 준수해야 할 사항 3가지를 쓰시오.

해답 ① 관리감독자의 지휘에 따라 작업하도록 할 것
② 조립·해체 또는 변경의 시기·범위 및 절차를 그 작업에 종사하는 근로자에게 주지시킬 것
③ 조립·해체 또는 변경 작업구역에는 해당 작업에 종사하는 근로자가 아닌 사람의 출입을 금지하고 그 내용을 보기 쉬운 장소에 게시할 것
④ 비, 눈, 그 밖의 기상상태의 불안정으로 날씨가 몹시 나쁜 경우에는 그 작업을 중지시킬 것
⑤ 비계재료의 연결·해체작업을 하는 경우에는 폭 20cm 이상의 발판을 설치하고 근로자로 하여금 안전대를 사용하도록 하는 등 추락을 방지하기 위한 조치를 할 것
⑥ 재료·기구 또는 공구 등을 올리거나 내리는 경우에는 근로자가 달줄 또는 달포대 등을 사용하게 할 것

02.
거푸집 동바리의 잘못된 조립으로 거푸집 붕괴사고가 발생한 장면을 보여주고 있다. 거푸집 동바리 설치 시 파이프서포트의 조립 준수사항을 3가지 쓰시오.

해답 ① 높이가 3.5m를 초과하는 경우에는 높이 2m 이내마다 수평연결재를 2개 방향으로 만들고 수평연결재의 변위를 방지할 것
② 파이프서포트를 3본 이상 이어서 사용하지 않도록 할 것
③ 파이프서포트를 이어서 사용할 때에는 4개 이상의 볼트 또는 전용철물을 사용하여 이을 것
④ 멍에 등을 상단에 올릴 경우에는 해당 상단에 강재의 단판을 붙여 멍에 등을 고정시킬 것

07.
다음은 충전부가 노출되어 있는 임시배전반 사진이다. 임시배전반 작업 시 감전예방대책을 3가지 쓰시오.

해답 ① 충전부가 노출되지 않도록 폐쇄형 외함이 있는 구조로 할 것
② 충전부에 충분한 절연효과가 있는 방호망 또는 절연덮개를 설치할 것
③ 충전부는 내구성이 있는 절연물로 완전히 덮어 감쌀 것
④ 발전소·변전소 및 개폐소 등 구획되어 있는 장소로서 관계 근로자가 아닌 사람의 출입이 금지되는 장소에 충전부를 설치하고, 위험표시 등의 방법으로 방호를 강화할 것
⑤ 전주 위 및 철탑 위 등 격리되어 있는 장소로서 관계 근로자가 아닌 사람이 접근할 우려가 없는 장소에 충전부를 설치할 것
⑥ 노출 충전부가 있는 맨홀 또는 지하실 등의 밀폐공간에서 작업하는 경우에는 노출 충전부와의 접촉으로 인한 전기위험을 방지하기 위하여 덮개, 울타리 또는 절연 칸막이 등을 설치할 것
⑦ 감전위험을 방지하기 위하여 개폐되는 문, 경첩이 있는 패널 등(분전반 또는 제어반 문)을 견고하게 고정

출제연도 **2009년 2회(A형)**

O2.
굴착작업 시 토사등의 붕괴 또는 낙하를 방지하기 위해 작업 시작 전 점검해야 할 사항을 2가지 쓰시오.

해답 ① 형상·지질 및 지층의 상태
② 균열·함수·용수 및 동결의 유무 또는 상태
③ 매설물 등의 유무 또는 상태
④ 지반의 지하수위 상태

06.
강관비계 작업 동영상을 보여주고 있다. (   ) 안에 적합한 말을 채우시오.

(1) 비계 기둥에는 미끄러지거나 (①)하는 것을 방지하기 위하여 밑받침 철물을 사용
(2) 강관의 접속부 또는 교차부는 적합한 (②)을 사용하여 접속하거나 단단히 묶을 것
(3) 강관비계는 5×5m 이내마다 벽이음 또는 (③)을 설치할 것

해답 ① 침하 ② 부속철물 ③ 버팀

출제연도 2009년 4회(A형)

02.
터널공사의 강아치 지보공 조립 시 준수해야 할 사항을 3가지 쓰시오.

해답 ① 조립간격은 조립도에 따를 것
② 주재가 아치 작용을 충분히 할 수 있도록 쐐기를 박는 등 필요한 조치를 할 것
③ 연결볼트 및 띠장 등을 사용하여 주재 상호 간을 튼튼하게 연결할 것
④ 터널 등의 출입구 부분에는 받침대를 설치할 것
⑤ 낙하물에 의하여 근로자에게 위험을 미칠 우려가 있는 때에는 널판 등을 설치할 것

07.
다음은 충전부가 노출되어 있는 임시배전반 사진이다. 임시배전반 작업 시 안전대책을 3가지 쓰시오.

해답 ① 충전부가 노출되지 않도록 폐쇄형 외함이 있는 구조로 할 것
② 충전부에 충분한 절연효과가 있는 방호망 또는 절연덮개를 설치할 것
③ 충전부는 내구성이 있는 절연물로 완전히 덮어 감쌀 것
④ 발전소·변전소 및 개폐소 등 구획되어 있는 장소로서 관계 근로자가 아닌 사람의 출입이 금지되는 장소에 충전부를 설치하고, 위험표시 등의 방법으로 방호를 강화할 것
⑤ 전주 위 및 철탑 위 등 격리되어 있는 장소로서 관계 근로자가 아닌 사람이 접근할 우려가 없는 장소에 충전부를 설치할 것
⑥ 노출 충전부가 있는 맨홀 또는 지하실 등의 밀폐공간에서 작업하는 경우에는 노출 충전부와의 접촉으로 인한 전기위험을 방지하기 위하여 덮개, 울타리 또는 절연 칸막이 등을 설치할 것
⑦ 감전위험을 방지하기 위하여 개폐되는 문, 경첩이 있는 패널 등(분전반 또는 제어반 문)을 견고하게 고정

출제연도 2010년 1회(A형)

05.
다음은 충전부가 노출되어 있는 임시배전반 사진이다. 임시배전반 작업 시 안전대책을 3가지 쓰시오.

해답 ① 충전부가 노출되지 않도록 폐쇄형 외함이 있는 구조로 할 것
② 충전부에 충분한 절연효과가 있는 방호망 또는 절연덮개를 설치할 것
③ 충전부는 내구성이 있는 절연물로 완전히 덮어 감쌀 것
④ 발전소·변전소 및 개폐소 등 구획되어 있는 장소로서 관계 근로자가 아닌 사람의 출입이 금지되는 장소에 충전부를 설치하고, 위험표시 등의 방법으로 방호를 강화할 것
⑤ 전주 위 및 철탑 위 등 격리되어 있는 장소로서 관계 근로자가 아닌 사람이 접근할 우려가 없는 장소에 충전부를 설치할 것
⑥ 노출 충전부가 있는 맨홀 또는 지하실 등의 밀폐공간에서 작업하는 경우에는 노출 충전부와의 접촉으로 인한 전기위험을 방지하기 위하여 덮개, 울타리 또는 절연 칸막이 등을 설치할 것
⑦ 감전위험을 방지하기 위하여 개폐되는 문, 경첩이 있는 패널 등(분전반 또는 제어반 문)을 견고하게 고정

06.
차량계 건설기계 작업 시 그 기계가 넘어지거나 굴러떨어짐으로써 근로자가 위험해질 우려가 있는 경우 조치사항에 대하여 3가지를 쓰시오.

➡️**해답** ① 유도하는 사람을 배치
② 지반의 부동침하 방지
③ 갓길의 붕괴 방지
④ 도로 폭의 유지

07.
거푸집 동바리 조립 시 준수해야 하는 사항을 3가지 쓰시오.

➡️**해답** 1. 받침목이나 깔판의 사용, 콘크리트 타설, 말뚝박기 등 동바리의 침하를 방지하기 위한 조치를 할 것
2. 동바리의 상하 고정 및 미끄러짐 방지 조치를 할 것
3. 상부·하부의 동바리가 동일 수직선상에 위치하도록 하여 깔판·받침목에 고정시킬 것
4. 개구부 상부에 동바리를 설치하는 경우에는 상부하중을 견딜 수 있는 견고한 받침대를 설치할 것
5. U헤드 등의 단판이 없는 동바리의 상단에 멍에 등을 올릴 경우에는 해당 상단에 U헤드 등의 단판을 설치하고, 멍에 등이 전도되거나 이탈되지 않도록 고정시킬 것
6. 동바리의 이음은 같은 품질의 재료를 사용할 것
7. 강재의 접속부 및 교차부는 볼트·클램프 등 전용철물을 사용하여 단단히 연결할 것
8. 거푸집의 형상에 따른 부득이한 경우를 제외하고는 깔판이나 받침목은 2단 이상 끼우지 않도록 할 것
9. 깔판이나 받침목을 이어서 사용하는 경우에는 그 깔판·받침목을 단단히 연결할 것

08.
배수구조물 설치를 위한 터파기 작업이 진행 중이다. 지반의 기울기 기준을 모래, 연암 및 풍화암, 경암, 그 밖의 흙에 대하여 쓰시오.

해답

지반의 종류	굴착면의 기울기
모래	1 : 1.8
연암 및 풍화암	1 : 1.0
경암	1 : 0.5
그 밖의 흙	1 : 1.2

01.
차량계 건설기계의 전도방지를 위해 필요한 조치사항에 대하여 3가지를 쓰시오.

해답 ① 유도하는 사람 배치
② 지반의 부동침하 방지
③ 갓길의 붕괴 방지
④ 도로 폭의 유지

03.
백호가 굴착작업을 하는 모습이다. 다음 작업 시 작전 안전관리자의 점검사항을 2가지 쓰시오.

해답 ① 형상·지질 및 지층의 상태
② 균열·함수·용수 및 동결의 유무 또는 상태
③ 매설물 등의 유무 또는 상태
④ 지반의 지하수위 상태

O4.

작업자가 건물 외측에 설치한 낙하물방지망을 보수하고 있다. 이와 같이 낙하물방지망을 설치할 때 작업자가 착용해야 하는 보호구 (①) 및 설치기준에 대하여 (　　) 안에 알맞은 단어를 써 넣으시오.

1) 높이 (②)m 이내마다 설치하고, 내민 길이는 벽면으로부터 (③)m 이상으로 할 것
2) 수평면과의 각도는 (④) 이하를 유지할 것

➡**해답** ① 안전대　② 10　③ 2　④ 20~30°

O5.

터널 굴착작업 시 시공계획에 포함되어야 할 사항 3가지를 쓰시오.

➡**해답** ① 굴착의 방법
② 터널지보공 및 복공의 시공방법과 용수의 처리방법
③ 환기 또는 조명시설을 하는 때에는 그 방법

06.

천장 부분의 작업을 위해 이동식 사다리가 설치되어 있다. 이동식 사다리의 설치기준을 3가지 쓰시오.

→해답 ① 견고한 구조로 할 것
② 재료는 심한 손상·부식 등이 없을 것
③ 발판의 간격은 동일하게 할 것
④ 발판과 벽의 사이는 15cm 이상의 간격을 유지할 것
⑤ 폭은 30cm 이상으로 할 것
⑥ 사다리가 넘어지거나 미끄러지는 것을 방지하기 위한 조치를 할 것
⑦ 사다리의 상단은 걸쳐 놓은 지점으로부터 60cm 이상 올라가도록 할 것

07.

파이프 받침대 영상을 보여주고 있다. 동영상을 참고하여 작업 시 주의사항을 3가지 쓰시오.

→해답 1. 받침목이나 깔판의 사용, 콘크리트 타설, 말뚝박기 등 동바리의 침하를 방지하기 위한 조치를 할 것
2. 동바리의 상하 고정 및 미끄러짐 방지 조치를 할 것
3. 상부·하부의 동바리가 동일 수직선상에 위치하도록 하여 깔판·받침목에 고정시킬 것
4. 개구부 상부에 동바리를 설치하는 경우에는 상부하중을 견딜 수 있는 견고한 받침대를 설치할 것
5. U헤드 등의 단판이 없는 동바리의 상단에 멍에 등을 올릴 경우에는 해당 상단에 U헤드 등의 단판을 설치하고, 멍에 등이 전도되거나 이탈되지 않도록 고정시킬 것
6. 동바리의 이음은 같은 품질의 재료를 사용할 것
7. 강재의 접속부 및 교차부는 볼트·클램프 등 전용철물을 사용하여 단단히 연결할 것
8. 거푸집의 형상에 따른 부득이한 경우를 제외하고는 깔판이나 받침목은 2단 이상 끼우지 않도록 할 것
9. 깔판이나 받침목을 이어서 사용하는 경우에는 그 깔판·받침목을 단단히 연결할 것

01.
동영상은 굴착작업장의 흙막이 구조물을 보여주고 있다. 이와 같은 흙막이 지보공을 설치한 때에 정기적으로 점검하여 이상 발견 시 즉시 보수하여야 하는 사항을 3가지 쓰시오.

해답 ① 부재의 손상·변형·부식·변위 및 탈락의 유무와 상태
② 버팀대의 긴압의 정도
③ 부재의 접속부·부착부 및 교차부의 상태
④ 침하의 정도

04.
콘크리트를 타설하고 있다. 콘크리트타설장비 사용 시 준수해야 할 사항을 3가지 쓰시오.

해답 1. 작업을 시작하기 전에 콘크리트타설장비를 점검하고 이상을 발견하였으면 즉시 보수할 것
2. 건축물의 난간 등에서 작업하는 근로자가 호스의 요동·선회로 인하여 추락하는 위험을 방지하기 위하여 안전난간 설치 등 필요한 조치를 할 것
3. 콘크리트타설장비의 붐을 조정하는 경우에는 주변의 전선 등에 의한 위험을 예방하기 위한 적절한 조치를 할 것
4. 작업 중에 지반의 침하나 아웃트리거 등 콘크리트타설장비 지지구조물의 손상 등에 의하여 콘크리트타설장비가 넘어질 우려가 있는 경우에는 이를 방지하기 위한 적절한 조치를 할 것

출제연도 | 2011년 1회(A형)

04.
동영상은 터널굴착 장비를 조립하고 이를 이용하여 굴착 및 토사 운반작업을 하는 과정을 보여주고 있다. 이와 같은 작업을 할 때에는 시공계획을 수립하여야 하는데, 이 시공계획에 반드시 포함하여야 하는 사항을 3가지 쓰시오.

➡해답 ① 굴착의 방법
② 터널지보공 및 복공의 시공방법과 용수의 처리방법
③ 환기 또는 조명시설을 하는 때에는 그 방법

05.
충전부가 노출되어 있는 전기기계·기구의 사진을 보여주고 있다. 이와 같이 직접접촉에 의한 감전위험이 있을 경우 방호대책을 3가지 쓰시오.

➡해답 ① 충전부가 노출되지 않도록 폐쇄형 외함이 있는 구조로 할 것
② 충전부에 충분한 절연효과가 있는 방호망 또는 절연덮개를 설치할 것
③ 충전부는 내구성이 있는 절연물로 완전히 덮어 감쌀 것

④ 발전소·변전소 및 개폐소 등 구획되어 있는 장소로서 관계 근로자가 아닌 사람의 출입이 금지되는 장소에 충전부를 설치하고, 위험표시 등의 방법으로 방호를 강화할 것

⑤ 전주 위 및 철탑 위 등 격리되어 있는 장소로서 관계 근로자가 아닌 사람이 접근할 우려가 없는 장소에 충전부를 설치할 것

⑥ 노출 충전부가 있는 맨홀 또는 지하실 등의 밀폐공간에서 작업하는 경우에는 노출 충전부와의 접촉으로 인한 전기위험을 방지하기 위하여 덮개, 울타리 또는 절연 칸막이 등을 설치할 것

⑦ 감전위험을 방지하기 위하여 개폐되는 문, 경첩이 있는 패널 등(분전반 또는 제어반 문)을 견고하게 고정

06.
와이어로프 체결방법 중 올바른 번호를 선택하고 그 이유를 쓰시오.

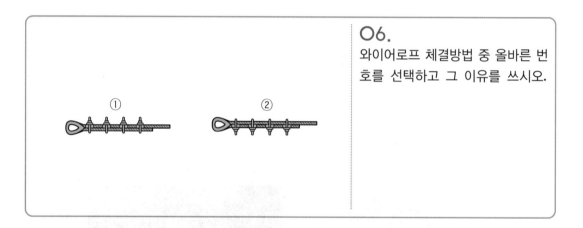

①　　②

➡해답 (1) 올바른 체결방법 : ①

(2) 이유 : 클립의 새들(Saddle)은 와이어로프의 힘이 걸리는 쪽에 위치해야 한다.

07.
동영상을 참고하여 건설장비가 무너짐되지 않기 위한 방지조치를 3가지 쓰시오.

해답 ① 연약한 지반에 설치하는 경우에는 아웃트리거·받침 등 지지구조물의 침하를 방지하기 위하여 버팀목이나 깔판 등을 사용할 것
② 시설 또는 가설물 등에 설치하는 경우에는 그 내력을 확인하고 내력이 부족하면 그 내력을 보강할 것
③ 아웃트리거·받침 등 지지구조물이 미끄러질 우려가 있는 경우에는 말뚝 또는 쐐기 등을 사용하여 해당 지지구조물을 고정시킬 것
④ 궤도 또는 차로 이동하는 항타기 또는 항발기에 대해서는 불시에 이동하는 것을 방지하기 위하여 레일 클램프(rail clamp) 및 쐐기 등으로 고정시킬 것
⑤ 상단 부분은 버팀대·버팀줄로 고정하여 안정시키고, 그 하단 부분은 견고한 버팀·말뚝 또는 철골 등으로 고정시킬 것

01.
건설현장의 외부비계에 경사로가 설치되어 있는 사진이다. 경사로 사진을 보고 빈칸에 알맞은 숫자를 쓰시오.

(1) 비탈면의 경사각은 (①) 이내로 하고 미끄럼막이를 설치한다.
(2) 경사로 지지기둥은 (②) 이내마다 설치하여야 한다.
(3) 높이 (③) 이내마다 계단참을 설치하여야 한다.

해답 ① 30° ② 3m ③ 7m

05.
엄지말뚝, 토류판 및 어스앵커 구조로 된 흙막이 지보공을 보여주는 동영상이다. 흙막이 지보공의 정기점검사항 3가지를 쓰시오.

해답 ① 부재의 손상·변형·부식·변위 및 탈락의 유무와 상태
② 버팀대의 긴압의 정도
③ 부재의 접속부·부착부 및 교차부의 상태
④ 침하의 정도

O2.
항타기 · 항발기 작업의 동영상을 보여주고 있다.
항타기 · 항발기의 무너짐 방지방법을 3가지 쓰시오.

해답 ① 연약한 지반에 설치하는 경우에는 아웃트리거 · 받침 등 지지구조물의 침하를 방지하기 위하여
버팀목이나 깔판 등을 사용할 것
② 시설 또는 가설물 등에 설치하는 경우에는 그 내력을 확인하고 내력이 부족하면 그 내력을 보강
할 것
③ 아웃트리거 · 받침 등 지지구조물이 미끄러질 우려가 있는 경우에는 말뚝 또는 쐐기 등을 사용하
여 해당 지지구조물을 고정시킬 것
④ 궤도 또는 차로 이동하는 항타기 또는 항발기에 대해서는 불시에 이동하는 것을 방지하기 위하여
레일 클램프(rail clamp) 및 쐐기 등으로 고정시킬 것
⑤ 상단 부분은 버팀대 · 버팀줄로 고정하여 안정시키고, 그 하단 부분은 견고한 버팀 · 말뚝 또는
철골 등으로 고정시킬 것

03.
사진은 낙하물 방지망을 보여주고 있다. 낙하물 방지망의 최초 사용개시 후 시험기간과 정기시험기간을 쓰시오.

해답 ① 최초 사용개시 후 시험기간 : 1년
② 정기시험기간 : 6개월마다

07.
콘크리트 타설작업 동영상을 보여주고 있다. 콘크리트 타설작업 시 준수사항을 3가지 쓰시오.

해답 1. 당일의 작업을 시작하기 전에 해당 작업에 관한 거푸집 및 동바리의 변형·변위 및 지반의 침하 유무 등을 점검하고 이상이 있으면 보수할 것
2. 작업 중에는 감시자를 배치하는 등의 방법으로 거푸집 및 동바리의 변형·변위 및 침하 유무 등을 확인해야 하며, 이상이 있으면 작업을 중지하고 근로자를 대피시킬 것
3. 콘크리트 타설작업 시 거푸집 붕괴의 위험이 발생할 우려가 있으면 충분한 보강조치를 할 것
4. 설계도서상의 콘크리트 양생기간을 준수하여 거푸집 및 동바리를 해체할 것
5. 콘크리트를 타설하는 경우에는 편심이 발생하지 않도록 골고루 분산하여 타설할 것

출제연도 2012년 4회(A형)

02.
동영상은 굴착작업장의 흙막이 구조물을 보여 주고 있다. 이와 같은 흙막이 지보공을 설치한 때에 정기적으로 점검하여 이상 발견 시 즉시 보수하여야 하는 사항을 3가지 쓰시오.

해답 ① 부재의 손상·변형·부식·변위 및 탈락의 유무와 상태
② 버팀대의 긴압의 정도
③ 부재의 접속부·부착부 및 교차부의 상태
④ 침하의 정도

03.
동영상을 참고하여 건설장비가 무너짐되지 않기 위한 방지조치를 3가지 쓰시오.

해답 ① 연약한 지반에 설치하는 경우에는 아웃트리거·받침 등 지지구조물의 침하를 방지하기 위하여 버팀목이나 깔판 등을 사용할 것
② 시설 또는 가설물 등에 설치하는 경우에는 그 내력을 확인하고 내력이 부족하면 그 내력을 보강할 것
③ 아웃트리거·받침 등 지지구조물이 미끄러질 우려가 있는 경우에는 말뚝 또는 쐐기 등을 사용하여 해당 지지구조물을 고정시킬 것

④ 궤도 또는 차로 이동하는 항타기 또는 항발기에 대해서는 불시에 이동하는 것을 방지하기 위하여 레일 클램프(rail clamp) 및 쐐기 등으로 고정시킬 것

⑤ 상단 부분은 버팀대·버팀줄로 고정하여 안정시키고, 그 하단 부분은 견고한 버팀·말뚝 또는 철골 등으로 고정시킬 것

07.
건물 외벽 쌍줄비계에서 작업을 하고 있는 동영상을 보여주고 있다. 이와 같이 비계를 조립·해체하거나 변경하는 작업을 하는 경우 준수사항 3가지를 쓰시오.

해답 ① 근로자가 관리감독자의 지휘에 따라 작업하도록 할 것

② 조립·해체 또는 변경의 시기·범위 및 절차를 그 작업에 종사하는 근로자에게 주지시킬 것

③ 조립·해체 또는 변경 작업구역에는 해당 작업에 종사하는 근로자가 아닌 사람의 출입을 금지하고 그 내용을 보기 쉬운 장소에 게시할 것

④ 비, 눈, 그 밖의 기상상태의 불안정으로 날씨가 몹시 나쁜 경우에는 그 작업을 중지시킬 것

⑤ 비계재료의 연결·해체작업을 하는 경우에는 폭 20센티미터 이상의 발판을 설치하고 근로자로 하여금 안전대를 사용하도록 하는 등 추락을 방지하기 위한 조치를 할 것

⑥ 재료·기구 또는 공구 등을 올리거나 내리는 경우에는 근로자가 달줄 또는 달포대 등을 사용하게 할 것

08.
와이어로프의 사용금지 기준을 3가지 쓰시오.

해답 ① 이음매가 있는 것

② 와이어로프의 한 꼬임(스트랜드)에서 끊어진 소선[素線, 필러(Pillar)선은 제외]의 수가 10% 이상(비자전로프의 경우에는 끊어진 소선의 수가 와이어로프 호칭지름의 6배 길이 이내에서 4개 이상이거나 호칭지름 30배 길이 이내에서 8개 이상)인 것

③ 지름의 감소가 공칭지름의 7%를 초과하는 것

④ 꼬인 것

⑤ 심하게 변형 또는 부식된 것

⑥ 열과 전기충격에 의해 손상된 것

건설기계

Contents

예상문제풀이

■ Industrial Engineer Construction Safety

출제분야	건설기계
작업명	차량계 건설기계

동영상 설명 차량계 건설기계의 작업모습을 보여주고 있다.

문제 차량계 건설기계 작업계획 시 포함사항 3가지를 적으시오.

해답 ① 사용하는 차량계 건설기계의 종류 및 성능
② 차량계 건설기계의 운행경로
③ 차량계 건설기계에 의한 작업방법

문제 이러한 차량계 건설기계 작업 시 그 기계가 넘어지거나 굴러떨어짐으로써 근로자가 위험해질 우려가 있는 경우 조치사항에 대하여 3가지를 쓰시오.

해답 ① 유도하는 사람 배치
② 지반의 부동침하 방지
③ 갓길의 붕괴 방지
④ 도로 폭의 유지

문제 이러한 건설기계를 자주 또는 견인에 의하여 화물자동차 등에 싣거나 내리는 작업을 할 때에 발판·성토 등을 사용하는 경우 건설기계의 전도 또는 굴러 떨어짐에 의한 위험을 방지하기 위해 준수해야 할 사항 2가지를 쓰시오.

해답 ① 싣거나 내리는 작업은 평탄하고 견고한 장소에서 할 것
② 발판을 사용하는 경우에는 충분한 길이·폭 및 강도를 가진 것을 사용하고 적당한 경사를 유지하기 위하여 견고하게 설치할 것
③ 자루·가설대 등을 사용하는 경우에는 충분한 폭 및 강도와 적당한 경사를 확보할 것

출제분야	건설기계
작업명	지게차

동영상 설명 지게차로 화물을 운반하는 사진이다.

문제 화물 적재 시 준수하여야 할 사항 3가지를 쓰시오.

해답 ① 하중이 한쪽으로 치우치지 않도록 적재할 것
② 운전자의 시야를 가리지 않도록 화물을 적재할 것
③ 화물을 적재할 경우에는 최대적재량 초과 금지

출제분야	건설기계
작업명	타워크레인

 타워크레인을 해체하는 동영상을 보여주고 있다.

 이와 같은 작업을 하고 있을 때 유해위험요인 2가지를 쓰시오.

➡해답 ① 낙하위험구간에 출입금지 미조치로 낙하재해 발생위험
　　　② 작업장 정리정돈 불량

 타워크레인으로 화물을 1줄로 걸어 인양하던 중 화물이 낙하하였고, 때마침 안전모를 불량하게 착용한 작업자가 지나가다가 낙하하는 화물에 맞는 재해가 발생하였다. 이때, 재해발생 원인 2가지를 쓰시오.

➡해답 ① 낙하위험구간에 출입금지 미조치
　　　② 화물을 1줄 걸이로 인양하여 낙하위험
　　　③ 작업자 안전모의 턱끈 미체결
　　　④ 신호수 미배치

 아파트 건설공사 현장에 타워크레인이 설치되어 있다.

 타워크레인의 방호장치를 2가지 쓰시오.

→해답 ① 권과방지장치
② 과부하방지장치
③ 비상정지장치
④ 브레이크 장치
⑤ 훅해지장치

출제분야	건설기계
작업명	이동식 크레인

 이동식 크레인을 이용하여 화물을 인양하는 동영상을 보여주고 있다.

 크레인을 이용하여 화물을 내리는 작업을 할 때, 크레인 운전자가 준수해야 할 사항 2가지를 쓰시오.

→해답 ① 신호수의 지시에 따라 작업 실시
② 내리는 화물이 흔들리지 않도록 천천히 작업할 것

동영상 설명 이동식 크레인으로 H형강, 강관비계 등을 인양하고 있다.

문제 크레인을 이용하여 비계재료인 강관을 인양하고 있다. 작업자들은 보호구를 착용하지 않았고 신호수가 없이 작업하고 있다. 이때, 위험요인과 안전대책을 각각 3가지씩 쓰시오.

해답 (1) 위험요인
   ① 작업자 안전모, 안전장갑 등 개인보호구 미착용
   ② 신호수 미배치 및 위험구간 출입금지 미조치
   ③ 위험표지판, 안전표지판 미설치
   ④ 강관을 한 줄로 인양하여 낙하 위험

  (2) 안전대책
   ① 작업자는 안전모, 안전장갑 등 개인보호구 착용
   ② 신호수를 배치하여 위험구간 출입금지 조치
   ③ 위험표지판, 안전표지판 설치
   ④ 강관을 두 줄로 균형을 맞추어 인양

문제 크레인을 이용하여 화물을 인양하던 중 화물이 한쪽으로 기울어지면서 떨어졌고, 그 밑에서 작업하던 근로자가 이 화물에 맞는 장면을 보여주고 있다. 이때, 위험요인 및 안전대책을 각각 2가지씩 쓰시오.

해답 (1) 위험요인
   ① 화물을 1가닥으로 인양하여 화물이 균형을 잃고 낙하할 위험
   ② 낙하위험구간에 작업자 출입
   ③ 신호수 미배치

  (2) 안전대책
   ① 화물을 두 줄로 걸어 균형을 잡고 운반
   ② 낙하위험구간에 작업자 출입금지 조치
   ③ 신호수 배치

동영상
설명 이동식 크레인을 이용하여 중량물을 양중하는 장면을 보여주고 있다.

문제 이때 건설장비의 명칭(①)과 이와 같은 장비를 사용하여 화물을 양중하는 경우 와이어
로프의 안전율은 (②) 이상이어야 하는지 쓰시오.

해답 ① 명칭 : 이동식 크레인
② 안전율 : 5

동영상 설명 트럭크레인을 이용하여 화물을 운반하는 동영상을 보여주고 있다.

문제 이때, 크레인의 로프와 Hook이 흔들거리면서 이동하고 있고, 운전자는 안전모를 착용하지 않고 크레인을 조정하고 있으며, 다른 작업자 2명은 보호구를 착용하지 않은 상태에서 크레인에 강관 다발을 2줄로 묶고 인양하고 있다. 이때 위험요인 및 안전대책을 3가지씩 쓰시오.

해답 (1) 위험요인
　　　① 신호수 미배치로 작업자 충돌위험
　　　② 아웃트리거 설치불량으로 전도위험
　　　③ 작업자 안전모 등 개인보호구 미착용

　　(2) 안전대책
　　　① 신호수를 배치하여 작업 유도 및 위험구간 작업자 접근금지 조치
　　　② 크레인의 아웃트리거를 깔판 위에 설치하는 등 침하방지 조치 철저
　　　③ 작업자 안전모, 안전화 등 개인보호구 착용

출제분야	건설기계
작업명	리프트

동영상 설명 작업자가 리프트를 타고 손수레로 흙을 운반하고 있다. 리프트에서 내려 흙을 붓고 뒤로 가다가 리프트 개구부로 추락하였다.

문제 이와 같은 재해를 방지하기 위한 조치사항 2가지를 쓰시오.

> **해답** ① 리프트 개구부에 추락방지용 안전난간 설치
> ② 리프트 개구부에 수직형 추락방망 설치

문제 작업자가 손수레에 모래를 가득 싣고 리프트를 이용하여 운반하기 위해 손수레를 운전하던 중 리프트 개구부에서 추락하는 사고가 발생하였다. 이때 건설용 리프트의 ① 방호장치의 종류, ② 재해형태, ③ 재해원인 2가지를 쓰시오.

> **해답** ① 권과방지장치, 과부하방지장치, 비상정지장치, 낙하방지장치
> ② 추락
> ③ 손수레 운전한계를 초과한 모래적재, 1인이 운반

 아파트 건설공사 현장에서 건설용 리프트가 설치되어 운행 중이다.

문제 건설용 리프트 운행 시 불안전한 상태가 많이 발생된다. 영상에 나타난 불안전한 행동 및 상태를 4가지만 기술하시오.

해답 ① 탑승대기 중 안전난간 및 문 밖으로 머리를 내밀어 리프트 위치를 확인하는 등 협착위험
② 자재의 운반방법 불량에 의한 화물의 낙하위험
③ 리프트의 출입문이 열린 상태에서 추락위험
④ 탑승자가 마스트 중심쪽으로 탑승하여 추락위험

출제분야	건설기계
작업명	항타기 · 항발기

 동영상설명 항타기 · 항발기가 작업 중인 동영상을 보여주고 있다.

문제 항타기 · 항발기 작업 시 무너짐 방지를 위한 준수사항 3가지를 쓰시오.

해답 ① 연약한 지반에 설치하는 경우에는 아웃트리거 · 받침 등 지지구조물의 침하를 방지하기 위하여 버팀목이나 깔판 등을 사용할 것
② 시설 또는 가설물 등에 설치하는 경우에는 그 내력을 확인하고 내력이 부족하면 그 내력을 보강할 것
③ 아웃트리거 · 받침 등 지지구조물이 미끄러질 우려가 있는 경우에는 말뚝 또는 쐐기 등을 사용하여 해당 지지구조물을 고정시킬 것
④ 궤도 또는 차로 이동하는 항타기 또는 항발기에 대해서는 불시에 이동하는 것을 방지하기 위하여 레일 클램프(rail clamp) 및 쐐기 등으로 고정시킬 것
⑤ 상단 부분은 버팀대 · 버팀줄로 고정하여 안정시키고, 그 하단 부분은 견고한 버팀 · 말뚝 또는 철골 등으로 고정시킬 것

출제분야	건설기계
작업명	클램셸

동영상 설명 굴착기계를 이용하여 구조물의 지하층 터파기 작업 중이다.

문제 다음 굴착기계의 명칭과 용도를 쓰시오.

해답 (1) 명칭 : 클램셸(Clamshell)
　　　 (2) 용도
　　　　　 ① 좁은 곳의 수직굴착
　　　　　 ② 수중굴착
　　　　　 ③ 우물통 기초 케이슨 내 굴착

출제분야	건설기계
작업명	어스드릴

 건설기계로 지반을 천공하는 작업 중이다.

 다음 건설기계의 이름 및 나선형으로 된 장치명을 쓰시오.

─➤해답) (1) 기계 명칭 : 어스드릴(Earth Drill)
    (2) 장치명 : 스크루(회전식 버킷)

출제분야	건설기계
작업명	스크레이퍼

동영상 설명 토공기계를 이용하여 작업 중인 모습을 보여주고 있다.

문제 다음 토공기계의 명칭과 용도를 쓰시오.

해답 (1) 명칭 : 스크레이퍼(Scraper)
　　　 (2) 용도 : 흙을 절삭·운반하거나 펴 고르는 등의 작업을 하는 토공기계

문제 다음과 같은 기계로 수행할 수 있는 작업의 종류를 4가지만 쓰시오.

해답 ① 굴삭　　　　② 싣기
　　　 ③ 운반　　　　④ 부설

출제분야 　건설기계

작업명 　모터그레이더

 동영상 설명　차량계 건설기계를 이용하여 작업 중이다.

문제 　사진에 보이는 건설기계의 명칭을 쓰고, 이와 같은 차량계 건설기계를 사용하여 작업을 하는 때에 작성하여야 하는 작업계획 포함 내용을 2가지만 쓰시오.

해답 (1) 명칭 : 모터그레이더(Motor Grader)
　　　(2) 작업계획 포함내용
　　　　　① 사용하는 차량계 건설기계의 종류 및 능력
　　　　　② 차량계 건설기계의 운행경로
　　　　　③ 차량계 건설기계에 의한 작업방법

문제 　사진에 보이는 건설기계의 명칭과 역할을 쓰시오.

해답 (1) 명칭 : 모터그레이더(Motor Grader)
　　　(2) 역할 : 땅 고르기, 정지작업, 도로정리

출제분야	건설기계
작업명	불도저

동영상 설명 토공기계를 이용하여 작업 중이다.

문제 사진 속에 나타난 건설기계로 할 수 있는 작업을 4가지 쓰시오.

해답 ① 운반작업
② 적재작업
③ 지반정지
④ 굴착작업

출제분야 | 건설기계
작업명 | 로더

 토공기계를 이용하여 작업 중이다.

 화면에 보이는 차량계 건설기계의 작업을 2가지 쓰시오.

해답 ① 신기작업
② 운반작업

출제분야	건설기계
작업명	롤러

 도로의 아스콘 포장 후 다짐작업을 하고 있다.

 다음 건설기계의 장비명과 주요작업을 쓰시오.

→해답 (1) 명칭 : 타이어 롤러(Tire Roller)
  (2) 주요작업 : 다짐작업, 아스콘 전압, 성토부 전압

출제분야 : 건설기계

작업명 : 아스팔트 피니셔

 아스콘 포장작업을 보여주고 있다.

문제 다음 기계의 명칭과 용도를 쓰시오.

해답 (1) 명칭 : 아스팔트 피니셔

(2) 용도 : 아스팔트 플랜트에서 덤프트럭으로 운반된 아스콘 혼합재를 노면 위에 일정한 규격과
간격으로 깔아주는 장비

※ 아래 그림들은 실제 출제되는 동영상 문제와 다를 수 있습니다.

출제연도 | 2006년 4회(A형)

06.
지게차로 화물을 운반하는 사진이다. 100kg 이상 화물 취급 시 작업지휘자가 준수해야 할 사항 2가지를 쓰시오.

해답 ① 작업순서 및 그 순서마다의 작업방법을 정하고 작업을 지휘할 것
② 기구와 공구를 점검하고 불량품을 제거할 것
③ 해당 작업을 하는 장소에 관계 근로자가 아닌 사람이 출입하는 것을 금지할 것
④ 로프 풀기 작업 또는 덮개 벗기기 작업은 적재함의 화물이 떨어질 위험이 없음을 확인한 후에 하도록 할 것

O3.
동영상에서 보여주고 있는 타워크레인 작업 시 발생한 재해의 원인으로 추정되는 사항을 2가지만 쓰시오.

→해답 ① 화물 인양 시 와이어로프를 한 가닥만 묶고 운반
② 신호수 미배치
③ 작업자 안전모의 턱끈 미체결
④ 낙하위험구간에 근로자 출입금지 미조치
⑤ 위험표지판 및 안전표지판 미설치

O5.
사진에서 보여주고 있는 건설기계의 이름과 수직으로 지지된 나선형으로 된 장치의 명칭을 쓰시오.

→해답 (1) 건설기계 : 어스드릴(Earth Drill)
(2) 장치명 : 스크루(회전식 버킷)

01.

타워크레인을 해체하는 동영상을 보여주고 있다. 크레인이 짐을 한 줄 걸이로 들고 있고 트럭 위에 짐 싣는 도중 작업자가 올라가려다 놀라며 내려오고 있으며, 다른 작업자는 돌 같은 것을 잡고 내리고 있고 안전모를 착용하지 않았다. 해체작업 시 안전상 미비점 2가지를 쓰시오.

→해답 ① 낙하위험구간에 출입금지 미조치
② 화물을 한줄 걸이로 인양하여 낙하위험
③ 작업자 안전모의 턱끈 미체결
④ 신호수 미배치

06.

차량계 하역운반기계에 화물을 적재하고 있다. 동영상을 참고하여 작업자가 화물적재 시 준수하지 않은 사항을 2가지 쓰시오.

→해답 ① 하중이 한쪽으로 치우치게 적재
② 화물을 높이 적재하여 운전자의 시야를 가림
③ 화물의 최대적재량을 초과하여 적재

07.

보호구를 착용하지 않은 작업자가 건설용 리프트를 이용하여 자재를 운반하는 장면을 보여주고 있다. 동영상을 참고하여 불안전한 행동 및 불안전한 상태 3가지를 쓰시오.

해답 ① 작업자가 탑승대기 중 안전난간 및 문 밖으로 머리를 내밀어 리프트 위치를 확인하는 등 협착위험
② 자재의 운반방법 불량에 의한 화물의 낙하위험
③ 리프트의 출입문이 열린 상태에서 리프트를 운행하여 추락 및 낙하위험
④ 탑승자가 마스트 중심쪽으로 탑승하여 추락위험

03.

다음에서 보여주는 건설기계의 명칭과 회전하는 이유를 쓰시오.

해답 (1) 명칭 : 콘크리트 믹서 트럭
(2) 회전하는 이유 : 콘크리트 경화방지, 재료분리 방지

04.

굴착기계인 클램셸을 이용하여 지하층 터파기 공사를 진행하는 동영상을 보여주고 있다. 이러한 굴착기계의 용도를 2가지 쓰시오.

[해답] ① 좁은 곳의 수직굴착
② 수중굴착
③ 우물통 기초 케이슨 내 굴착

출제연도 | 2008년 2회(A형)

01.

지게차 등 차량계 하역운반기계에 화물을 적재할 때 준수하여야 할 사항 3가지를 쓰시오.

[해답] ① 하중이 한쪽으로 치우치지 않도록 적재할 것
② 운전자의 시야를 가리지 않도록 화물을 적재할 것
③ 화물을 적재하는 경우에는 최대적재량을 초과 금지

08.
사진에 나타난 건설기계로 할 수 있는 작업을 4가지 쓰시오.

➡️해답 ① 운반작업, ② 적재작업, ③ 지반정지, ④ 굴착작업

출제연도 2008년 4회(A형)

02.
굴착기계인 클램셸을 이용하여 지하층 터파기 공사를 진행하는 동영상을 보여주고 있다. 이러한 굴착기계의 용도를 2가지 쓰시오.

➡️해답 ① 좁은 곳의 수직굴착
② 수중굴착
③ 우물통 기초 케이슨 내 굴착

O5.

타워크레인 해체작업이 진행 중이다. 동영상을 참고하여 이와 같은 작업 중 유해위험요인 2가지를 쓰시오.

해답 ① 낙하위험구간에 근로자 출입금지 미조치로 낙하재해 발생위험
② 작업장 정리정돈 불량으로 전도재해 등 발생위험
③ 해체물을 한 줄 걸이로 운반하여 물체의 낙하위험

출제연도 　2009년 1회(A형)

O4.

건설용 리프트에 작업자가 화물을 싣고 운반하는 장면을 보여주고 있다. 동영상을 참고하여 불안전한 행동 및 불안전한 상태 3가지를 쓰시오.

해답 ① 작업자가 탑승대기 중 안전난간 및 문 밖으로 머리를 내밀어 리프트 위치를 확인하는 등 협착위험
② 자재의 운반방법 불량에 의한 화물의 낙하위험
③ 리프트의 출입문이 열린 상태에서 리프트를 운행하여 추락 및 낙하위험
④ 탑승자가 마스트 중심쪽으로 탑승하여 추락위험

06.
사진에 나타난 건설기계의 장비명과 주요작업을 쓰시오.

→해답 (1) 명칭 : 타이어 롤러(Tire Roller)
(2) 주요작업 : 다짐작업, 아스콘 전압, 성토부 전압

출제연도 2009년 2회(A형)

08.
사진에 나타난 건설기계의 명칭과 회전하는 이유를 쓰시오.

→해답 (1) 명칭 : 콘크리트 믹서 트럭
(2) 회전하는 이유 : 콘크리트 경화방지, 재료분리 방지

O4.
건설용 리프트 운행 시 불안전한 상태가 많이 발생된다. 영상에 나타난 불안전한 행동 및 상태를 4가지만 기술하시오.

해답 ① 탑승대기 중 안전난간 및 문 밖으로 머리를 내밀어 리프트 위치를 확인하는 등 협착위험
② 자재의 운반방법 불량에 의한 화물의 낙하위험
③ 리프트의 출입문이 열린 상태에서 추락위험
④ 탑승자가 마스트 중심쪽으로 탑승하여 추락위험

O1.
사진에 나타난 건설기계의 명칭과 역할을 쓰시오.

해답 (1) 명칭 : 모터그레이더(Motor Grader)
(2) 역할 : 땅 고르기, 정지작업, 도로정리

출제연도 2010년 2회(A형)

08.
다음 건설기계의 명칭 및 나선형으로 된 장치 명을 쓰시오.

➡해답 (1) 기계 명칭 : 어스드릴(Earth Drill)
　　　　(2) 장치명 : 스크루(회전식 버킷)

출제연도 2010년 4회(A형)

03.
건설용 리프트 운행 시 불안전한 상태가 많이 발생된다. 영상에 나타난 불안전한 행동 및 상 태를 4가지만 기술하시오

➡해답 ① 탑승대기 중 안전난간 및 문 밖으로 머리를 내밀어 리프트 위치를 확인하는 등 협착위험
　　　　② 자재의 운반방법 불량에 의한 화물의 낙하위험
　　　　③ 리프트의 출입문이 열린 상태에서 추락위험
　　　　④ 탑승자가 마스트 중심쪽으로 탑승하여 추락위험

O1.
타워 크레인의 방호장치를 2가지 쓰시오.

➡ 해답 ① 권과방지장치
② 과부하방지장치
③ 비상정지장치
④ 브레이크장치
⑤ 훅해지장치

O7.
사진에 나타난 건설기계(불도저)로 할 수 있는 작업을 4가지 쓰시오.

➡ 해답 ① 운반작업, ② 적재작업, ③ 지반정지, ④ 굴착작업

04.
사진에 나타난 기계의 명칭과 역할을 2가지 쓰시오.

➡️**해답** (1) 명칭 : 모터그레이더(Motor Grader)
　　　(2) 역할
　　　　　① 땅고르기
　　　　　② 정지작업
　　　　　③ 도로정리

02.
지게차로 화물을 운반하는 사진이다. 화물 적재시
준수하여야 할 사항 3가지를 쓰시오.

➡️**해답** ① 하중이 한쪽으로 치우치지 않도록 적재할 것
　　　② 운전자의 시야를 가리지 않도록 화물을 적재할 것
　　　③ 화물을 적재하는 경우에는 최대적재량 초과 금지

03.
사진에 보이는 차량계 건설기계(로더)의 작업을 2가지 쓰시오.

→**해답** ① 싣기작업, ② 운반작업

04.
사진에 보이는 차량계 건설기계(로더)의 작업을 2가지 쓰시오.

→**해답** ① 싣기작업, ② 운반작업

03.
다음 건설기계의 명칭 및 나선형으로 된 장치명을 쓰시오.

➡해답 (1) 기계 명칭 : 어스드릴(Earth Drill)
(2) 장치명 : 스크루(회전식 버킷)

04.
다음 토공기계의 명칭과 용도를 쓰시오.

➡해답 (1) 명칭 : 스크레이퍼(Scraper)
(2) 용도 : 흙을 절삭·운반하거나 펴 고르는 등의 작업을 하는 토공기계

부록

Contents

건설안전산업기사 2006년 4회(A형)

01.
작업자가 이동식 비계를 사용하여 작업을 하고 있다. 이때 이동식 비계의 조립기준 3가지를 쓰시오.

해답 ① 이동식 비계의 바퀴에는 뜻밖의 갑작스러운 이동 또는 전도를 방지하기 위하여 브레이크·쐐기 등으로 바퀴를 고정시킨 다음 비계의 일부를 견고한 시설물에 고정하거나 아웃트리거(outrigger)를 설치하는 등 필요한 조치를 할 것
② 승강용 사다리는 견고하게 설치할 것
③ 비계의 최상부에서 작업을 할 경우에는 안전난간을 설치할 것
④ 작업발판은 항상 수평을 유지하고 작업발판 위에서 안전난간을 딛고 작업을 하거나 받침대 또는 사다리를 사용하여 작업하지 않도록 할 것
⑤ 작업발판의 최대 적재하중은 250kg을 초과하지 않도록 할 것

02.
와이어로프를 보여주고 있다. 이러한 권상용 와이어로프의 사용금지 기준 3가지를 쓰시오.

해답 ① 이음매가 있는 것
② 와이어로프의 한 꼬임(스트랜드)에서 끊어진 소선[素線, 필러(Pillar)선은 제외]의 수가 10% 이상(비자전로프의 경우에는 끊어진 소선의 수가 와이어로프 호칭지름의 6배길이 이내에서 4개 이상이거나 호칭지름 30배 길이 이내에서 8개 이상)인 것
③ 지름의 감소가 공칭지름의 7%를 초과하는 것
④ 꼬인 것
⑤ 심하게 변형 또는 부식된 것
⑥ 열과 전기충격에 의해 손상된 것

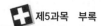

03.

터널 굴착작업이 진행되고 있다. 터널공사 작업시작 전 자동경보장치에 대하여 당일 작업시작 전 점검하고 이상 발견 즉시 보수해야 할 사항 3가지를 쓰시오.

[해답] ① 계기의 이상 유무
② 검지부의 이상 유무
③ 경보장치의 작동상태

04.

외부비계에 가설통로가 설치되어 있다. 이러한 가설통로의 설치기준 3가지를 쓰시오.

[해답] ① 견고한 구조로 할 것
② 경사는 30° 이하로 할 것. 다만, 계단을 설치하거나 높이 2미터 미만의 가설통로로서 튼튼한 손잡이를 설치한 경우에는 그러하지 아니하다.
③ 경사가 15°를 초과하는 경우에는 미끄러지지 아니하는 구조로 할 것
④ 추락할 위험이 있는 장소에는 안전난간을 설치할 것. 다만, 작업상 부득이한 경우에는 필요한 부분만 임시로 해체할 수 있다.
⑤ 수직갱에 가설된 통로의 길이가 15m 이상인 경우에는 10m 이내마다 계단참을 설치할 것
⑥ 건설공사에 사용하는 높이 8m 이상인 비계다리에는 7m 이내마다 계단참을 설치할 것

05.

건설현장에서 물체의 낙하·비래 위험이 있는 경우 조치해야 할 사항 2가지를 쓰시오.

[해답] ① 낙하물 방지망 설치
② 출입금지구역 설정
③ 방호선반 설치
④ 작업자 안전모 착용

06.

지게차로 화물을 운반하는 사진이다. 100kg 이상 화물 취급 시 작업지휘자가 준수해야 할 사항 2가지를 쓰시오.

[해답] ① 작업순서 및 그 순서마다의 작업방법을 정하고 작업을 지휘할 것
② 기구와 공구를 점검하고 불량품을 제거할 것
③ 해당 작업을 하는 장소에 관계 근로자가 아닌 사람이 출입하는 것을 금지할 것
④ 로프 풀기 작업 또는 덮개 벗기기 작업은 적재함의 화물이 떨어질 위험이 없음을 확인한 후에 하도록 할 것

07.
이동식 사다리의 설치기준 3가지를 쓰시오.

> **해답** ① 견고한 구조로 할 것
> ② 재료는 심한 손상·부식 등이 없을 것
> ③ 발판의 간격은 동일하게 할 것
> ④ 발판과 벽의 사이는 15cm 이상의 간격을 유지할 것
> ⑤ 폭은 30cm 이상으로 할 것
> ⑥ 사다리가 넘어지거나 미끄러지는 것을 방지하기 위한 조치를 할 것
> ⑦ 사다리의 상단은 걸쳐 놓은 지점으로부터 60cm 이상 올라가도록 할 것

건설안전산업기사 2006년 4회(B형)

01.
아파트 건설현장을 보여주고 있으며, 작업자가 pit 내부에서 작업 중 추락위험이 있다. 이때 필요한 안전시설 2가지를 쓰시오.

> **해답** ① 추락 방지용 추락방호망
> ② 안전대 부착설비 설치 및 안전대 착용
> ③ 작업발판의 설치

02.
백호로 하수관을 1줄 걸이로 인양하던 중 하수관이 떨어져 근로자와 충돌하는 동영상을 보여주고 있다. 이때 재해유형과 방지대책 2가지를 쓰시오.

> **해답** 1) 재해유형 : 끼임(협착)
> 2) 재해 방지대책
> ① 화물의 인양작업 시에는 이동식 크레인 등 양중기를 사용할 것
> ② 인양물을 인양로프에 체결 시 2줄 걸이로 할 것
> ③ 인양물 하부에 근로자의 접근을 통제할 것
> ④ 작업 전 인양로프의 이상 여부를 확인할 것

O3.
터널 굴착작업이 진행되고 있다. 터널공사 작업시작 전 자동경보장치에 대하여 당일 작업시작 전 점검하고 이상 발견 즉시 보수해야 할 사항 3가지를 쓰시오.

[해답] ① 계기의 이상 유무
② 검지부의 이상 유무
③ 경보장치의 작동상태

O4.
철골작업 장면을 보여주고 있다. 철골작업 시 기상상태에 따른 작업제한 조건 3가지를 쓰시오.

[해답] ① 풍속이 초당 10m 이상인 경우
② 강우량이 시간당 1mm 이상인 경우
③ 강설량이 시간당 1cm 이상인 경우

O5.
원심력 철근콘크리트 말뚝의 장점을 2가지 쓰시오.

[해답] ① 내구성이 크고 입수하기가 비교적 쉽다.
② 재질이 균일하여 신뢰성이 있다.
③ 길이 15미터 이하인 경우에 경제적이다.
④ 강도가 커서 지지말뚝으로 적합하다.

O6.
작업자가 외부비계를 타고 올라가다가 추락하는 장면을 보여주고 있다. 이러한 추락재해의 원인과 안전대책을 2가지씩 쓰시오.

[해답] 1) 재해원인
① 근로자가 외부비계 위 작업장으로 이동할 수 있는 승강설비, 가설계단 미설치
② 비계의 작업발판 단부에 안전난간 미설치

2) 안전대책
① 외부비계에 안전한 승강용 사다리(가설계단) 설치
② 비계의 작업발판 단부에 추락방지용 안전난간 설치

07.
사진에 보이는 교량의 형식을 쓰고 작업순서를 쓰시오.

해답 (1) 교량의 형식
　　　　사장교

　　 (2) 작업순서
　　　　① 우물통 기초공사 - ② 주탑 시공 - ③ 슬래브 시공 - ④ 케이블 설치 - ⑤ 교면 아스콘 포장

08.
터널을 굴착하는 장면을 보여주고 있다. 이러한 공법의 적용이 어려운 지반을 2가지 쓰시오.

해답 ① 암질의 급격한 변화가 있는 구간
　　　② 다량의 용수가 있는 곳
　　　③ 연약지반

건설안전산업기사 2007년 1회(A형)

01.
작업자가 건물 외측에 설치한 낙하물방지망을 보수하고 있다. 다음 각 물음에 답하시오.

1) 위와 같은 작업을 할 때 작업자의 추락 방지를 위해 필요한 조치사항을 쓰시오.
2) 낙하물 방지망은 높이 (①)m 이내마다 설치하고, 내민 길이는 벽면으로부터 (②)m 이상으로 하여야 하며, 수평면과의 각도는 (③)를 유지하여야 한다.

해답 (1) 조치사항 : 안전대를 착용한 후 안전대 부착설비에 안전대를 걸고 작업을 실시한다.
　　　 (2) ① 10　 ② 2　 ③ 20~30°

02.
콘크리트타설장비로 작업 시 인근 고압전로에 접촉 우려가 있는 장면을 보여주고 있다. 이러한 전기배전시설에 직접 접촉되어 감전재해가 발생할 우려가 있을 때 예방대책을 3가지만 쓰시오.

해답 ① 콘크리트타설장비의 붐을 충전전로에서 이격시킬 것
　　　 ② 충전전로에 절연용 방호구를 설치할 것
　　　 ③ 차량의 절연되지 않은 부분이 접근 한계거리 이내로 접근하지 않도록 할 것
　　　 ④ 감시인을 배치할 것

03.
동영상에서 보여주고 있는 타워크레인 작업 시 발생한 재해의 원인으로 추정되는 사항을 2가지만 쓰시오.

[동영상 설명]
타워크레인으로 화물을 1줄로 걸어 인양작업을 하고 있다. 이때 화물이 낙하하였고, 때마침 안전모를 불량하게 착용한 작업자가 지나가다가 낙하하는 화물에 맞게 된다.

→해답 ① 화물 인양 시 와이어로프를 한 가닥만 묶고 운반
② 신호수 미배치
③ 작업자 안전모의 턱끈 미체결
④ 낙하위험구간에 근로자 출입금지 미조치
⑤ 위험표지판 및 안전표지판 미설치

04.

차량계 건설기계 작업 시 그 기계가 넘어지거나 굴러떨어짐으로써 근로자가 위험해질 우려가 있는 경우 취해야 할 조치사항 3가지를 쓰시오.

→해답 ① 유도하는 사람 배치
② 지반의 부동침하 방지
③ 갓길의 붕괴 방지
④ 도로 폭의 유지

05.

사진에서 보여주고 있는 건설기계의 이름과 수직으로 지지된 나선형으로 된 장치의 명칭을 쓰시오.

→해답 (1) 건설기계 : 어스드릴(Earth Drill)
(2) 장치명 : 스크루(회전식 버킷)

06.

건물 외벽 쌍줄비계에서 작업을 하고 있는 동영상을 보여주고 있다. 위와 같이 높이 5m 이상의 비계를 조립·해체하거나 변경하는 작업을 하는 경우 관리감독자가 수행해야 할 유해·위험 방지 업무 3가지를 쓰시오.

➡해답 ① 재료의 결함 유무를 점검하고 불량품을 제거하는 일
　　　② 기구, 공구, 안전대 및 안전모 등의 기능을 점검하고 불량품을 제거하는 일
　　　③ 작업방법 및 근로자의 배치를 결정하고 작업 진행 상태를 감시하는 일
　　　④ 안전대 및 안전모 등의 착용상황을 감시하는 일

07.

철골공사현장에 설치한 추락방호망을 보여주고 있다. 매듭이 있는 방망을 신품으로 설치하는 경우 다음 그물코의 종류에 따른 방망사의 인장강도를 쓰시오.

1) 5cm 그물코 : (　　　)kg
2) 10cm 그물코 : (　　　)kg

➡해답 ① 110
　　　② 200

08.

작업자가 이동식 비계를 사용하여 작업을 하고 있다. 이때 이동식 비계의 조립기준 3가지를 쓰시오.

➡해답 ① 이동식 비계의 바퀴에는 뜻밖의 갑작스러운 이동 또는 전도를 방지하기 위하여 브레이크·쐐기 등으로 바퀴를 고정시킨 다음 비계의 일부를 견고한 시설물에 고정하거나 아웃트리거(outrigger)를 설치하는 등 필요한 조치를 할 것
　　　② 승강용 사다리는 견고하게 설치할 것
　　　③ 비계의 최상부에서 작업을 할 경우에는 안전난간을 설치할 것
　　　④ 작업발판은 항상 수평을 유지하고 작업발판 위에서 안전난간을 딛고 작업을 하거니 받침대 또는 사다리를 사용하여 작업하지 않도록 할 것
　　　⑤ 작업발판의 최대 적재하중은 250kg을 초과하지 않도록 할 것

건설안전산업기사 2007년 2회(A형)

01.
백호로 지반을 굴착하여 덤프트럭으로 운반하는 장면이다. 보호구를 착용하지 않은 작업자가 굴착기 주변에서 작업을 하고 있다. 이때 위험요인 3가지를 쓰시오.

➡️**해답** ① 작업유도자가 없어 차량 후진 시 근로자 충돌 위험
② 위험반경 내 근로자가 접근하여 협착 또는 충돌 위험
③ 작업자가 안전모 등 보호구를 미착용
④ 덤프트럭 바퀴에 고임목을 설치하지 않아 급작스런 유동 위험

02.
사진에 나타난 터널 굴착공법의 명칭과 발파에 의한 굴착공법과 비교한 이 굴착공법의 장점을 3가지만 쓰시오.

➡️**해답** (1) 공법의 명칭 : T.B.M 공법(Tunnel Boring Machine Method)
(2) 장점
① 연속적인 굴착으로 고속 시공이 가능하다.
② 암반의 이완이 적기 때문에 붕락의 위험이 적다.
③ 굴착면이 양호하고 여굴이 거의 없다.
④ 굴착 단면이 원형을 유지하여 역학적으로 안정적이다.
⑤ 소음, 진동이 적어 주변 구조물에 거의 영향이 없다.
⑥ 비발파 굴착으로 내부작업 환기에 유리하다.

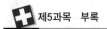

03.
엄지말뚝, 토류판 및 어스앵커 구조로 된 흙막이 지보공을 보여주는 동영상이다. 이와 같은 흙막이 지보공 작업 시 정기적으로 점검해야 할 사항 3가지를 쓰시오.

해답 ① 부재의 손상·변형·부식·변위 및 탈락의 유무와 상태
② 버팀대의 긴압의 정도
③ 부재의 접속부·부착부 및 교차부의 상태
④ 침하의 정도

04.
아파트 공사현장에서 작업을 하던 근로자가 낙하하는 물체에 맞는 재해를 당하는 동영상을 보여주고 있다. 이와 같은 작업 시 낙하·비래 재해의 방지대책을 3가지 쓰시오.

해답 ① 낙하물 방지망 설치   ② 출입금지구역의 설정
③ 방호선반 설치   ④ 작업자 안전모 착용

05.
동영상은 교량 가설공법의 한 종류를 보여주고 있다. 영상에서 보여주고 있는 교량 가설공법의 명칭을 쓰시오.

해답 ILM 공법(Incremental Launching Method), 압출공법

06.
동영상은 한 줄 걸이를 이용하여 하수관을 이동하던 중 하수관이 낙하하여 작업자가 깔리는 재해를 보여주고 있다. 동영상을 참고하여 다음 물음에 해당하는 사항을 쓰시오.

① 불안전한 상태
② 불안전한 행동
③ 기인물
④ 가해물

해답 ① 불안전한 상태 : 하수관의 인양 시 한 줄 걸이로 인한 화물의 낙하위험
② 불안전한 행동 : 낙하위험구간의 근로자 출입
③ 기인물 : 하수관
④ 가해물 : 하수관

07.

건물 외벽 쌍줄비계에서 작업을 하고 있는 동영상을 보여주고 있다. 이와 같이 높이 5m 이상의 비계를 조립·해체하거나 변경하는 작업을 하는 경우 관리감독자가 수행해야 할 유해·위험 방지 업무 3가지를 쓰시오.

해답 ① 재료의 결함 유무를 점검하고 불량품을 제거하는 일

② 기구, 공구, 안전대 및 안전모 등의 기능을 점검하고 불량품을 제거하는 일

③ 작업방법 및 근로자의 배치를 결정하고 작업 진행 상태를 감시하는 일

④ 안전대 및 안전모 등의 착용상황을 감시하는 일

08.

동영상은 근로자가 철근을 인력 운반하는 장면을 보여주고 있다. 철근 인력 운반작업 시 준수사항 3가지를 쓰시오.

해답 ① 1인당 무게는 25킬로그램 정도가 적절하며, 무리한 운반을 삼가 해야 한다.

② 2인 이상이 1조가 되어 어깨메기로 하여 운반하는 등 안전을 도모하여야 한다.

③ 긴 철근을 부득이 한 사람이 운반하는 경우에는 한쪽을 어깨에 메고 한쪽 끝을 끌면서 운반하여야 한다.

④ 운반하는 경우에는 양끝을 묶어 운반하여야 한다.

⑤ 내려놓을 때는 천천히 내려놓고 던지지 않아야 한다.

⑥ 공동작업을 하는 경우에는 신호에 따라 작업을 하여야 한다.

건설안전산업기사 2007년 4회(A형)

01.

타워크레인을 해체하는 동영상을 보여주고 있다. 크레인이 짐을 한 줄 걸이로 들고 있고 트럭 위에 짐 싣는 도중 작업자가 올라가려다 놀라며 내려오고 있으며, 다른 작업자는 돌 같은 것을 잡고 내리고 있고 안전모를 착용하지 않았다. 해체작업 시 안전상 미비점 2가지를 쓰시오.

해답 ① 낙하위험구간에 출입금지 미조치

② 화물을 한줄 걸이로 인양하여 낙하위험

③ 작업자 안전모의 턱끈 미체결

④ 신호수 미배치

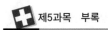

O2.
충전부가 노출되어 있는 전기기계·기구의 사진을 보여주고 있다. 이와 같이 직접접촉에 의한 감전위험이 있는 경우 충전부의 방호조치사항 3가지를 쓰시오.

➡해답 ① 충전부가 노출되지 않도록 폐쇄형 외함이 있는 구조로 할 것
② 충전부에 충분한 절연효과가 있는 방호망 또는 절연덮개를 설치할 것
③ 충전부는 내구성이 있는 절연물로 완전히 덮어 감쌀 것
④ 발전소·변전소 및 개폐소 등 구획되어 있는 장소로서 관계 근로자가 아닌 사람의 출입이 금지되는 장소에 충전부를 설치하고, 위험표시 등의 방법으로 방호를 강화할 것
⑤ 전주 위 및 철탑 위 등 격리되어 있는 장소로서 관계 근로자가 아닌 사람이 접근할 우려가 없는 장소에 충전부를 설치할 것
⑥ 노출 충전부가 있는 맨홀 또는 지하실 등의 밀폐공간에서 작업하는 경우에는 노출 충전부와의 접촉으로 인한 전기위험을 방지하기 위하여 덮개, 울타리 또는 절연 칸막이 등을 설치할 것
⑦ 감전위험을 방지하기 위하여 개폐되는 문, 경첩이 있는 패널 등(분전반 또는 제어반 문)을 견고하게 고정할 것

O3.
말비계 위에서 작업하는 동영상을 보여주고 있다. 이와 같은 말비계 조립·사용 시 준수사항 3가지를 쓰시오.

➡해답 ① 지주부재의 하단에는 미끄럼 방지장치를 하고, 양측 끝부분에 올라서서 작업하지 아니하도록 할 것
② 지주부재와 수평면과의 기울기를 75° 이하로 하고, 지주부재와 지주부재 사이를 고정시키는 보조부재를 설치할 것
③ 말비계의 높이가 2m를 초과할 경우에는 작업발판의 폭을 40cm 이상으로 할 것

O4.
아파트의 작업층에 필요한 추락방지시설 및 낙하물 방지시설을 쓰시오.

➡해답 ① 추락 방지시설 : 슬래브 단부에 안전난간 설치
② 낙하물 방지시설 : 아파트 외벽에 낙하물 방지망 설치

O5.
동영상은 구조물 위에 지브 크레인을 설치하는 장면을 보여주고 있다. 이러한 지브 크레인 조립 등의 작업 시 조치사항 3가지를 쓰시오.

➡해답 ① 작업순서를 정하고 그 순서에 따라 작업을 할 것
② 작업을 할 구역에 관계 근로자가 아닌 사람의 출입을 금지하고 그 취지를 보기 쉬운 곳에 표시할 것

③ 비, 눈, 그 밖에 기상상태의 불안정으로 날씨가 몹시 나쁜 경우에는 그 작업을 중지시킬 것
④ 작업장소는 안전한 작업이 이루어질 수 있도록 충분한 공간을 확보하고 장애물이 없도록 할 것
⑤ 들어올리거나 내리는 기자재는 균형을 유지하면서 작업을 하도록 할 것
⑥ 크레인의 성능, 사용조건 등에 따라 충분한 응력(應力)을 갖는 구조로 기초를 설치하고 침하 등이 일어나지 않도록 할 것
⑦ 규격품인 조립용 볼트를 사용하고 대칭되는 곳을 차례로 결합하고 분해할 것

06.

차량계 하역운반기계에 화물을 적재하고 있다. 동영상을 참고하여 작업자가 화물적재 시 준수하지 않은 사항을 2가지 쓰시오.

➡해답 ① 하중이 한쪽으로 치우치게 적재
② 화물을 높이 적재하여 운전자의 시야를 가림
③ 화물의 최대적재량을 초과하여 적재

07.

교량 건설공사 장면을 보여주고 있다. 동영상을 참고하여 근로자의 추락 방지를 위한 안전대책을 2가지 쓰시오.

➡해답 ① 작업(통로)발판 설치
② 안전대 부착설비 설치 및 안전대 착용
③ 추락방지용 추락방호망 설치
④ 작업발판 단부에 안전난간 설치

건설안전산업기사 2007년 4회(B형)

01.

건설현장에 추락방지를 위해 설치하는 추락방지용 추락방호망을 보여주고 있다. 이러한 추락방호망의 최초 검사시기와 검사주기를 쓰시오.

➡해답 (1) 최초 검사시기 : 사용개시 후 1년 이내
(2) 검사주기 : 6개월마다 정기적으로

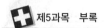

02.

지하구조물 설치를 위한 터파기 작업이 진행 중이다. 이러한 지반 굴착 작업 시 (1) 풍화암에 대한 굴착면의 기울기 기준을 쓰고, (2) 굴착면 붕괴 예방을 위한 방지대책을 3가지 쓰시오.

해답 (1) 풍화암의 굴착면 기울기 기준
　　　　 1 : 1.0
　　　 (2) 굴착면 붕괴 방지대책
　　　　　① 사면의 기울기 기준 준수
　　　　　② 굴착사면에 비가 올 경우를 대비한 비닐보강 실시
　　　　　③ 토사등의 붕괴 또는 낙하 원인이 되는 빗물이나 지하수 등을 배제할 수 있는 측구 설치
　　　　　④ 낙하의 위험이 있는 토석을 제거하거나 옹벽, 흙막이 지보공 등 설치

03.

다음은 거푸집을 조립하는 사진을 보여주고 있다. 보기를 참고하여 거푸집 조립순서에 맞게 나열하시오.

| ① 벽체 | ② 큰 보 | ③ 기둥 | ④ 작은 보 | ⑤ 슬래브 |

해답 ③ 기둥 → ① 벽체 → ② 큰 보 → ④ 작은 보 → ⑤ 슬래브

04.

건설현장에 설치되어 있는 경사로를 보여주고 있다. 이와 같은 경사로를 설치할 때 경사각은 (①) 이내로 하고, 높이 (②) 이내마다 계단참을 설치하여야 하며, 경사로의 폭은 최소 (③) 이상이어야 한다.

해답 ① 30°　② 7m　③ 90cm

05.

비계를 조립하기 위해 작업자가 위층으로 비계용 강관을 들어 올리던 중 위층 작업자가 자재를 놓쳐 자재가 떨어지는 사고가 발생하였다. 이때의 위험요인 3가지를 쓰시오.

해답 ① 작업자의 안전대 미착용으로 인한 추락위험
　　　 ② 작업발판 미설치로 인한 추락위험
　　　 ③ 재료·기구 또는 공구 등을 올리거나 내리는 경우 달줄 또는 달포대 미사용으로 인한 낙하위험

06.
터널공사 장면을 보여주고 있다. 동영상을 참고하여 불안전한 상태 및 불안전한 행동을 쓰시오.

▶해답 ① 터널 작업구간에 작업 유도자를 배치하지 않아 작업차량 운행 중 충돌위험이 있다.
② 건설기계의 고소작업 시 근로자가 안전대를 착용하지 않아 추락위험이 있다.

07.
보호구를 착용하지 않은 작업자가 건설용 리프트를 이용하여 자재를 운반하는 장면을 보여주고 있다.
동영상을 참고하여 불안전한 행동 및 불안전한 상태 3가지를 쓰시오.

▶해답 ① 작업자가 탑승대기 중 안전난간 및 문 밖으로 머리를 내밀어 리프트 위치를 확인하는 등 협착위험
② 자재의 운반방법 불량에 의한 화물의 낙하위험
③ 리프트의 출입문이 열린 상태에서 리프트를 운행하여 추락 및 낙하위험
④ 탑승자가 마스트 중심쪽으로 탑승하여 추락위험

08.
토공기계의 작업을 동영상으로 보여주고 있다. 이러한 토공기계의 작업 시 무너짐 방지방법을 3가지
쓰시오.

▶해답 ① 연약한 지반에 설치하는 경우에는 아웃트리거 · 받침 등 지지구조물의 침하를 방지하기 위하여 버팀목
이나 깔판 등을 사용할 것
② 시설 또는 가설물 등에 설치하는 경우에는 그 내력을 확인하고 내력이 부족하면 그 내력을 보강할 것
③ 아웃트리거 · 받침 등 지지구조물이 미끄러질 우려가 있는 경우에는 말뚝 또는 쐐기 등을 사용하여
해당 지지구조물을 고정시킬 것
④ 궤도 또는 차로 이동하는 항타기 또는 항발기에 대해서는 불시에 이동하는 것을 방지하기 위하여 레일
클램프(rail clamp) 및 쐐기 등으로 고정시킬 것
⑤ 상단 부분은 버팀대 · 버팀줄로 고정하여 안정시키고, 그 하단 부분은 견고한 버팀 · 말뚝 또는 철골
등으로 고정시킬 것

건설안전산업기사 2008년 1회(A형)

01.

거푸집 동바리 조립작업을 보여주고 있다. 이러한 거푸집 동바리 조립 시 준수해야 하는 사항으로 다음의 빈칸을 채우시오.

> (1) 파이프서포트를 (①)본 이상 이어서 사용하지 않도록 할 것
> (2) 파이프서포트를 이어서 사용할 때에는 (②)개 이상의 볼트 또는 전용철물을 사용하여 이을 것
> (3) 높이가 3.5m를 초과할 때에는 높이 2m 이내마다 수평연결재를 (③)개 방향으로 만들고 수평 연결재의 변위를 방지할 것

➡해답 ① 3   ② 4   ③ 2

02.

동영상은 작업자가 굴착작업장의 흙막이 구조물을 점검하고 있는 장면을 보여주고 있다. 이와 같은 흙막이 지보공을 설치한 때에 정기적으로 점검하여 이상 발견 시 즉시 보수하여야 하는 사항을 3가지 쓰시오.

➡해답 ① 부재의 손상·변형·부식·변위 및 탈락의 유무와 상태
      ② 버팀대의 긴압의 정도
      ③ 부재의 접속부·부착부 및 교차부의 상태
      ④ 침하의 정도

03.
다음에서 보여주는 건설기계의 명칭과 회전하는 이유를 쓰시오.

[해답] (1) 명칭 : 콘크리트 믹서 트럭
(2) 회전하는 이유 : 콘크리트 경화방지, 재료분리 방지

04.
굴착기계인 클램셸을 이용하여 지하층 터파기 공사를 진행하는 동영상을 보여주고 있다. 이러한 굴착기계의 용도를 2가지 쓰시오.

[해답] ① 좁은 곳의 수직굴착
② 수중굴착
③ 우물통 기초 케이슨 내 굴착

05.
아파트 건설현장에서 작업자가 낙하물방지망을 보수하던 중 추락하는 장면을 보여주고 있다. 동영상을 보고 낙하물방지망 보수작업 중 일어난 재해형태와 방지대책을 2가지 쓰시오.

[해답] (1) 재해형태 : 추락
(2) 재해 방지대책 : ① 안전대 부착설비 설치 및 안전대 착용, ② 작업발판 설치

06.
동영상은 Precast Concrete 제품의 제작과정을 보여주고 있다. 이러한 Precast Concrete의 장점을 3가지만 쓰시오.

[해답] ① 좋은 품질의 콘크리트 부재 생산 가능
② 기계화 작업으로 공기단축
③ 기상과 관계없이 작업 가능

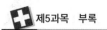

07.
하수관을 인양하던 중 하수관이 떨어져 근로자가 끼이는 사고 장면을 보여주고 있다. 이때의 재해형태와 방지대책을 2가지 쓰시오.

➡해답) 1) 재해형태 : 끼임(협착)
2) 재해 방지대책
① 화물의 인양작업 시에는 이동식 크레인 등 양중기를 사용할 것
② 인양물을 인양로프에 체결 시 2줄 걸이로 할 것
③ 인양물 하부에 근로자의 접근을 통제할 것
④ 작업 전 인양로프의 이상 여부를 확인할 것

08.
교량 가설공법의 한 장면을 보여주고 있다. 이러한 교량 가설공법의 명칭과 장점을 2가지만 쓰시오.

➡해답) (1) 공법명
ILM(Incremental Launching Method) 공법, 압출공법

(2) 장점
① 별도의 외부비계 및 작업발판이 필요하지 않다.
② 교량 건설 중에 하부 교통의 영향을 주지 않는다.
③ 공기 단축이 가능하다.
④ 지간이 긴 장대교량의 시공이 용이하다.

건설안전산업기사 2008년 2회(A형)

O1.
지게차 등 차량계 하역운반기계에 화물을 적재할 때 준수하여야 할 사항 3가지를 쓰시오.

[해답] ① 하중이 한쪽으로 치우치지 않도록 적재할 것
② 운전자의 시야를 가리지 않도록 화물을 적재할 것
③ 화물을 적재하는 경우에는 최대적재량을 초과 금지

O2.
터널공사의 강아치 지보공 조립 시 준수해야 할 사항을 3가지 쓰시오.

[해답] ① 조립간격은 조립도에 따를 것
② 주재가 아치 작용을 충분히 할 수 있도록 쐐기를 박는 등 필요한 조치를 할 것
③ 연결볼트 및 띠장 등을 사용하여 주재 상호 간을 튼튼하게 연결할 것
④ 터널 등의 출입구 부분에는 받침대를 설치할 것
⑤ 낙하물에 의하여 근로자에게 위험을 미칠 우려가 있을 때에는 널판 등을 설치할 것

O3.
다음은 철근이 이음된 모습이다. 철근의 이음방법을 3가지 쓰시오.

[해답] ① 겹침 이음
② 용접 이음
③ 가스 압접

O4.
동영상에서 보여주고 있는 교량 가설공법의 명칭과 특징을 쓰시오.

해답 (1) 공법명

I.L.M(Incremental Launching Method) 공법, 압출공법

(2) 특징

I.L.M 공법은 교량의 상부 구조물을 교대 후방의 제작장에서 일정 길이의 세그먼트(Segment)로 제작하여 잭(Jack)과 추진코에 의해 압출해 가면서 교각 위에 거치하는 교량 상부 가설공법이다.

O5.
근로자가 개구부에서 작업하던 중 추락하는 재해가 발생하였다. 이때, 추락 방지를 위한 안전대책 3가지를 쓰시오.

해답 ① 안전난간, 울타리, 수직형 추락방망 설치
② 충분한 강도를 가진 구조로 덮개를 튼튼하게 설치
③ 어두운 장소에서도 알아볼 수 있도록 개구부임을 표시
④ 추락방호망 설치
⑤ 근로자의 안전대 착용 지시

O6.
교량 가설작업 동영상을 보여주고 있다. 이러한 교량 가설작업 중 요구되는 안전시설의 종류를 2가지 쓰시오.

해답 ① 작업(통로)발판 설치
② 안전대 부착설비 설치 및 안전대 착용
③ 추락방지용 추락방호망 설치
④ 작업발판 단부, 스틸박스 단부에 안전난간 설치

O7.
거푸집 동바리의 잘못된 설치로 거푸집의 붕괴사고가 발생한 장면이다. 거푸집 동바리의 붕괴원인을 3가지 쓰시오.

> **해답** ① 동바리의 이음을 맞댄이음 또는 장부이음으로 하고 같은 품질의 재료를 사용해야 하나 동바리와 이질재료를 혼합하여 사용함
> ② 파이프서포트를 이어서 사용할 때에는 4개 이상의 볼트 또는 전용철물을 사용하여 이어야 하나 이질재료에 못으로 고정하여 이음
> ③ 강재와 강재와의 접속부 및 교차부는 볼트·클램프 등 전용철물을 사용하여 단단히 연결해야 하나 전용철물 미사용

O8.
사진에 나타난 건설기계로 할 수 있는 작업을 4가지 쓰시오.

> **해답** ① 운반작업, ② 적재작업, ③ 지반정지, ④ 굴착작업

건설안전산업기사 2008년 4회(A형)

O1.
5m 이상 비계의 해체 장면을 보여주고 있다. 이와 같은 작업 시 준수해야 할 사항 3가지를 쓰시오.

[해답] ① 관리감독자의 지휘에 따라 작업하도록 할 것
② 조립·해체 또는 변경의 시기·범위 및 절차를 그 작업에 종사하는 근로자에게 주지시킬 것
③ 조립·해체 또는 변경 작업구역에는 해당 작업에 종사하는 근로자가 아닌 사람의 출입을 금지하고 그 내용을 보기 쉬운 장소에 게시할 것
④ 비, 눈, 그 밖의 기상상태의 불안정으로 날씨가 몹시 나쁜 경우에는 그 작업을 중지시킬 것
⑤ 비계재료의 연결·해체작업을 하는 경우에는 폭 20cm 이상의 발판을 설치하고 근로자로 하여금 안전대를 사용하도록 하는 등 추락을 방지하기 위한 조치를 할 것
⑥ 재료·기구 또는 공구 등을 올리거나 내리는 경우에는 근로자가 달줄 또는 달포대 등을 사용하게 할 것

O2.
굴착기계인 클램셸을 이용하여 지하층 터파기 공사를 진행하는 동영상을 보여주고 있다. 이러한 굴착기계의 용도를 2가지 쓰시오.

[해답] ① 좁은 곳의 수직굴착
② 수중굴착
③ 우물통 기초 케이슨 내 굴착

O3.
작업자가 밀폐공간에서 방수작업하는 장면을 보여주고 있다. 이러한 밀폐공간에서의 작업 중 안전대책을 3가지 쓰시오.

[해답] ① 작업 전 산소농도 및 유해가스 농도 측정
② 작업 중 산소농도 측정 및 산소농도가 18% 미만일 때는 환기 실시
③ 근로자는 송기마스크, 공기호흡기 등 호흡용 보호구 착용
④ 당해 작업장소와 외부와의 연락을 위한 통신설비를 설치할 것

04.

엘리베이터 pit 내부에서 거푸집 작업 중 재해가 발생하는 장면을 보여주고 있다. 이때의 재해형태와 발생요인 2가지를 쓰시오.

해답 (1) 발생형태 : 추락

　(2) 발생요인

　　① 작업발판의 미고정으로 인한 발판 탈락 및 추락위험

　　② 안전대 부착설비 미설치 및 작업자 안전대 미착용으로 인한 추락위험

　　③ 엘리베이터 피트 내부의 추락방호망 미설치로 인한 추락위험

05.

타워크레인 해체작업이 진행 중이다. 동영상을 참고하여 이와 같은 작업 중 유해위험요인 2가지를 쓰시오.

해답 ① 낙하위험구간에 근로자 출입금지 미조치로 낙하재해 발생위험

　② 작업장 정리정돈 불량으로 전도재해 등 발생위험

　③ 해체물을 한 줄 걸이로 운반하여 물체의 낙하위험

06.

교량의 교각 거푸집을 보여주고 있다. 다음 교각 거푸집의 명칭과 장점을 3가지 쓰시오.

해답 (1) 명칭

　　슬라이딩 폼(Sliding Form)

　(2) 장점

　　① 요크(Yoke)로 거푸집을 수직으로 연속 이동시키면서 콘크리트 타설하여 공기 단축

　　② 거푸집을 수직으로 이동시키므로 거푸집 제거 등의 소요인력 절약

　　③ 콘크리트의 일체성 확보

07.
교량의 교각철근이 배근된 모습을 보여주고 있다. 장래에 이음 등을 고려한 노출된 철근의 보호방법을 3가지 쓰시오.

➡해답 ① 비닐을 덮어 습기를 방지한다.
② 철근에 방청도료를 도포해서 부식을 방지한다.
③ 철근의 변위, 변형을 방지하기 위해 철망이나 철사로 단단히 묶어 고정한다.

08.
교량 상부공사가 진행 중이다. 보기를 참고하여 교량공사인 외팔보 공법(F.C.M)의 시공순서대로 번호를 쓰시오.

| ① 주두부 시공 | ② Form Traveller 설치 | ③ 마무리 및 완료 |
| ④ 측경간 시공 | ⑤ Key Segment 시공 | ⑥ Segment 설치 |

➡해답 ① 주두부 시공→② Form Traveller 설치→⑥ Segment 설치→⑤ Key Segment 시공→④ 측경간 시공→③ 마무리 및 완료

건설안전산업기사 2009년 1회(A형)

01.
아파트 건설현장을 보여주고 있다. 이와 같은 건설현장에서 화물의 낙하·비래 위험이 있는 경우 조치해야 할 사항 3가지를 쓰시오.

해답 ① 낙하물 방지망 설치
② 출입금지구역의 설정
③ 방호선반 설치
④ 작업자 안전모 착용

02.
거푸집 동바리의 잘못된 조립으로 거푸집 붕괴사고가 발생한 장면을 보여주고 있다. 거푸집 동바리 설치 시 파이프서포트의 조립 준수사항을 3가지 쓰시오.

해답 ① 높이가 3.5m를 초과하는 경우에는 높이 2m 이내마다 수평연결재를 2개 방향으로 만들고 수평연결재의 변위를 방지할 것
② 파이프서포트를 3본 이상 이어서 사용하지 않도록 할 것
③ 파이프서포트를 이어서 사용할 때에는 4개 이상의 볼트 또는 전용철물을 사용하여 이을 것
④ 멍에 등을 상단에 올릴 경우에는 해당 상단에 강재의 단판을 붙여 멍에 등을 고정시킬 것

03.
강교량 건설현장 동영상이다. 교량의 상부에 보호구를 미착용한 근로자들이 작업하고 있다. 동영상을 참고하여 추락 방지시설 2가지를 쓰시오.(단, 추락방호망 제외)

해답 ① 작업(통로)발판 설치
② 안전대 부착설비 설치 및 안전대 착용
③ 작업발판 단부, 스틸박스 단부에 안전난간 설치

O4.

건설용 리프트에 작업자가 화물을 싣고 운반하는 장면을 보여주고 있다. 동영상을 참고하여 불안전한 행동 및 불안전한 상태 3가지를 쓰시오.

▶해답 ① 작업자가 탑승대기 중 안전난간 및 문 밖으로 머리를 내밀어 리프트 위치를 확인하는 등 협착위험
② 자재의 운반방법 불량에 의한 화물의 낙하위험
③ 리프트의 출입문이 열린 상태에서 리프트를 운행하여 추락 및 낙하위험
④ 탑승자가 마스트 중심쪽으로 탑승하여 추락위험

O5.

동영상은 Precast Concrete 제품의 제작과정을 보여주고 있다. 보기를 참고하여 올바른 (1) 제작순서를 나열하고, Precast Concrete의 (2) 장점을 3가지만 쓰시오.

① 거푸집 제작	② 양생	③ 철근 배근 및 조립
④ 콘크리트 타설	⑤ 선 부착품(인서트, 전기부품 등) 설치	
⑥ 청소	⑦ 마감	⑧ 탈형

▶해답 (1) 제작순서
① → ⑤ → ③ → ④ → ② → ⑦ → ⑧ → ⑥

① 거푸집 제작	② 선 부착품(인서트, 전기부품 등) 설치
③ 철근 배근 및 조립	④ 콘크리트 타설
⑤ 양생	⑥ 마감
⑦ 탈형	⑧ 청소

(2) 장점
① 좋은 품질의 콘크리트 부재 생산 가능
② 기계화 작업으로 공기단축
③ 기상과 관계없이 작업 가능

O6.

사진에 나타난 건설기계의 장비명과 주요작업을 쓰시오.

➡해답 (1) 명칭 : 타이어 롤러(Tire Roller)
　　　 (2) 주요작업 : 다짐작업, 아스콘 전압, 성토부 전압

07.

다음은 충전부가 노출되어 있는 임시배전반 사진이다. 임시배전반 작업 시 감전예방대책을 3가지
쓰시오.

➡해답 ① 충전부가 노출되지 않도록 폐쇄형 외함이 있는 구조로 할 것
　　② 충전부에 충분한 절연효과가 있는 방호망 또는 절연덮개를 설치할 것
　　③ 충전부는 내구성이 있는 절연물로 완전히 덮어 감쌀 것
　　④ 발전소·변전소 및 개폐소 등 구획되어 있는 장소로서 관계 근로자가 아닌 사람의 출입이 금지되는
　　　 장소에 충전부를 설치하고, 위험표시 등의 방법으로 방호를 강화할 것
　　⑤ 전주 위 및 철탑 위 등 격리되어 있는 장소로서 관계 근로자가 아닌 사람이 접근할 우려가 없는 장소에
　　　 충전부를 설치할 것
　　⑥ 노출 충전부가 있는 맨홀 또는 지하실 등의 밀폐공간에서 작업하는 경우에는 노출 충전부와의 접촉으로
　　　 인한 전기위험을 방지하기 위하여 덮개, 울타리 또는 절연 칸막이 등을 설치할 것
　　⑦ 감전위험을 방지하기 위하여 개폐되는 문, 경첩이 있는 패널 등(분전반 또는 제어반 문)을 견고하게 고정

08.

터널 굴착하는 장면을 보여주고 있다. 이러한 터널 굴착공법의 명칭과 이 공법의 적용이 어려운 지반
을 2가지 쓰시오.

➡해답 (1) 공법의 명칭
　　　 T.B.M 공법

　　　 (2) 적용이 어려운 지반
　　　　① 암질의 급격한 변화가 있는 구간
　　　　② 다량의 용수가 있는 곳
　　　　③ 연약지반

건설안전산업기사 2009년 2회(A형)

O1.
크레인을 이용하여 비계재료인 강관을 인양하고 있다. 작업자들은 보호구를 착용하지 않았고 신호수가 없이 작업하고 있다. 이때, 위험요인과 안전대책을 각각 3가지씩 쓰시오.

➡해답 (1) 위험요인
　　　① 작업자 안전모, 안전장갑 등 개인보호구의 미착용
　　　② 신호수 미배치 및 위험구간 출입금지 미조치
　　　③ 위험표지판, 안전표지판 미설치
　　　④ 강관을 한 줄로 인양함으로 인한 낙하위험

　　(2) 안전대책
　　　① 작업자는 안전모, 안전장갑 등 개인보호구 착용
　　　② 신호수를 배치하여 위험구간 출입금지 조치
　　　③ 위험표지판, 안전표지판 설치
　　　④ 두 줄로 균형을 맞추어 강관 인양

O2.
굴착작업 시 토사등의 붕괴 또는 낙하를 방지하기 위해 작업 시작 전 점검해야 할 사항을 2가지 쓰시오.

➡해답 ① 형상·지질 및 지층의 상태
　　　② 균열·함수·용수 및 동결의 유무 또는 상태
　　　③ 매설물 등의 유무 또는 상태
　　　④ 지반의 지하수위 상태

O3.
동영상은 건물외벽의 돌 마감공사를 보여주고 있다. 이와 같은 작업 시 근로자나 시설 등의 안전조치 사항을 2가지 쓰시오.

➡해답 ① 발판재료는 작업할 때의 하중을 견딜 수 있도록 견고한 것으로 할 것
　　　② 작업발판의 폭은 40cm 이상으로 하고, 발판재료 간의 틈은 3cm 이하로 할 것
　　　③ 추락의 위험성이 있는 장소에는 안전난간을 설치할 것
　　　④ 작업발판의 지지물은 하중에 의하여 파괴될 우려가 없는 것을 사용할 것
　　　⑤ 작업발판재료는 뒤집히거나 떨어지지 않도록 둘 이상의 지지물에 연결하거나 고정시킬 것
　　　⑥ 비계 기둥 간 적재하중은 400kg을 초과하지 않도록 할 것

04.

다음 동영상에서 보여주는 교량의 공법명을 쓰고 설명하시오.

해답 (1) 공법명

　　　FCM 공법(Free Cantilever Method)

　　(2) 특징

　　　FCM 공법은 교각 위에서 교각 양쪽의 교축방향으로 특수한 가설장비(Form Traveller)를 이용하여
　　　한 개의 세그먼트(Segment, 3~4m)씩 콘크리트를 타설하고 Prestress를 도입하여 연결해 나가는 교
　　　량 상부 가설공법이다.

05.

크레인을 이용하여 화물을 내리는 작업을 할 때, 크레인 운전자가 준수해야 할 사항 2가지를 쓰시오.

해답 ① 신호수의 지시에 따라 작업 실시

　　② 내리는 화물이 흔들리지 않도록 천천히 작업할 것

06.

강관비계 작업 동영상을 보여주고 있다. (　　) 안에 적합한 말을 채우시오.

(1) 비계 기둥에는 미끄러지거나 (①)하는 것을 방지하기 위하여 밑받침 철물을 사용

(2) 강관의 접속부 또는 교차부는 적합한 (②)을 사용하여 접속하거나 단단히 묶을 것

(3) 강관비계는 5×5m 이내마다 벽이음 또는 (③)을 설치할 것

해답 ① 침하　② 부속철물　③ 버팀

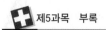

07.

사면 보호공법 중 구조물에 의한 보호방법을 3가지 쓰시오.

→해답 ① 콘크리트, 모르타르 뿜어붙이기공
② 콘크리트 블록공
③ 돌쌓기공
④ 돌망태 공법

08.

사진에 나타난 건설기계의 명칭과 회전하는 이유를 쓰시오.

→해답 (1) 명칭 : 콘크리트 믹서 트럭
(2) 회전하는 이유 : 콘크리트 경화방지, 재료분리 방지

건설안전산업기사 2009년 4회(A형)

01.

아파트 건설공사 장면을 보여주고 있다. 아파트 건설공사 작업 시 추락재해 방지조치를 3가지 쓰시오.

→해답 ① 안전난간, 울타리, 수직형 추락방망 설치
② 충분한 강도를 가진 구조로 덮개를 튼튼하게 설치
③ 어두운 장소에서도 알아볼 수 있도록 개구부임을 표시
④ 추락방호망 설치
⑤ 근로자 안전대 착용

O2.

터널공사의 강아치 지보공 조립 시 준수해야 할 사항을 3가지 쓰시오

해답 ① 조립간격은 조립도에 따를 것
② 주재가 아치 작용을 충분히 할 수 있도록 쐐기를 박는 등 필요한 조치를 할 것
③ 연결볼트 및 띠장 등을 사용하여 주재 상호 간을 튼튼하게 연결할 것
④ 터널 등의 출입구 부분에는 받침대를 설치할 것
⑤ 낙하물에 의하여 근로자에게 위험을 미칠 우려가 있는 때에는 널판 등을 설치할 것

O3.

교량 건설공사 중 스틸박스 거더를 설치하고 있는 동영상을 보여주고 있다. 교량 상부공 작업 시 작업자가 하부로 추락하는 재해가 발생하였다. 이때 재해예방대책을 4가지 쓰시오.

해답 ① 작업(통로)발판 설치
② 안전대 부착설비 설치 및 안전대 착용
③ 추락방지용 추락방호망 설치
④ 작업발판 단부, 스틸박스 단부에 안전난간 설치

O4.

건설용 리프트 운행 시 불안전한 상태가 많이 발생된다. 영상에 나타난 불안전한 행동 및 상태를 4가지만 기술하시오.

> [동영상 설명]
> 보호구를 착용하지 않은 작업자가 건설용 리프트에 자재를 실어 올라가는 장면을 보여주고 있으며 작업자는 고개를 내밀어 리프트의 위치를 확인하고 있다.

해답 ① 탑승대기 중 안전난간 및 문 밖으로 머리를 내밀어 리프트 위치를 확인하는 등 협착위험
② 자재의 운반방법 불량에 의한 화물의 낙하위험
③ 리프트의 출입문이 열린 상태에서 추락위험
④ 탑승자가 마스트 중심쪽으로 탑승하여 추락위험

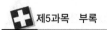

05.

백호로 외줄걸이를 한 채 인양물을 옮기다 인양물이 떨어져 작업자가 다치는 재해가 발생하였다. 사고 유형과 사고 방지대책을 쓰시오.

해답 1) 사고유형 : 끼임(협착)
2) 사고 방지대책
① 화물의 인양작업 시에는 이동식 크레인 등 양중기를 사용할 것
② 인양물을 인양로프에 체결 시 2줄 걸이로 할 것
③ 인양물 하부에 근로자의 접근을 통제
④ 작업 전 인양로프의 이상 여부 확인

06.

화면은 거푸집을 조립하는 사진을 보여주고 있다. 보기를 참고하여 거푸집 조립순서에 맞게 나열하시오.

① 벽체	② 큰 보	③ 기둥	④ 작은 보	⑤ 슬래브

해답 ③ 기둥 → ① 벽체 → ② 큰 보 → ④ 작은 보 → ⑤ 슬래브

07.

화면은 충전부가 노출되어 있는 임시배전반 사진이다. 임시배전반 작업 시 안전대책을 3가지 쓰시오.

해답 ① 충전부가 노출되지 않도록 폐쇄형 외함이 있는 구조로 할 것
② 충전부에 충분한 절연효과가 있는 방호망 또는 절연덮개를 설치할 것
③ 충전부는 내구성이 있는 절연물로 완전히 덮어 감쌀 것
④ 발전소·변전소 및 개폐소 등 구획되어 있는 장소로서 관계 근로자가 아닌 사람의 출입이 금지되는 장소에 충전부를 설치하고, 위험표시 등의 방법으로 방호를 강화할 것
⑤ 전주 위 및 철탑 위 등 격리되어 있는 장소로서 관계 근로자가 아닌 사람이 접근할 우려가 없는 장소에 충전부를 설치할 것
⑥ 노출 충전부가 있는 맨홀 또는 지하실 등의 밀폐공간에서 작업하는 경우에는 노출 충전부와의 접촉으로 인한 전기위험을 방지하기 위하여 덮개, 울타리 또는 절연 칸막이 등을 설치할 것
⑦ 감전위험을 방지하기 위하여 개폐되는 문, 경첩이 있는 패널 등(분전반 또는 제어반 문)을 견고하게 고정

O8.

다음은 철근이 이음된 모습이다. 철근의 이음방법을 3가지 쓰시오.

→해답 ① 겹침 이음

② 용접 이음

③ 가스 압접

O9.

작업자가 밀폐장소에서 작업하던 중 쓰러지는 동영상을 보여주고 있다. 이와 같은 밀폐된 공간, 즉 잠함, 우물통, 수직갱 등에서 작업 시 산소결핍기준 및 환기가 불가능 할 경우에 착용해야 하는 보호구의 종류를 쓰시오.

→해답 (1) 결핍기준 : 공기 중의 산소농도가 18% 미만인 상태

(2) 보호구 : 송기마스크, 산소마스크

건설안전산업기사 2010년 1회(A형)

O1.
사진에 나타난 건설기계의 명칭과 역할을 쓰시오.

➡️**해답** (1) 명칭 : 모터 그레이더
　　　 (2) 역할 : 땅 고르기, 정지작업, 도로정리

O2.
다음 사진을 보고 해당되는 말뚝의 종류를 쓰시오.

➡️**해답** PHC 말뚝(Pretensioned Spun High Strength Concrete Pile)

03.
사진에 보이는 교량의 형식을 확인하여 명칭과 작업순서를 쓰시오.

➡️해답 (1) 명칭 : 사장교
　　　(2) 작업순서 : ① 우물통 기초공사 - ② 주탑 시공 - ③ 슬래브 시공 - ④ 케이블 설치 - ⑤ 교면 아스콘
　　　　　　　　포장

04.
동영상은 한 줄 걸이를 이용하여 하수관을 이동하던 중 하수관이 낙하하여 작업자가 깔리는 재해를
당했다. 동영상을 참고하여 재해의 유형과 예방사항을 쓰시오.

➡️해답 1) 사고유형 : 끼임(협착)
　　　2) 사고 방지대책
　　　　① 화물의 인양작업 시에는 이동식 크레인 등 양중기를 사용할 것
　　　　② 인양물을 인양로프에 체결 시 2줄 걸이로 할 것
　　　　③ 인양물 하부에 근로자의 접근을 통제할 것
　　　　④ 작업 전 인양로프의 이상 여부를 확인할 것

05.
다음은 충전부가 노출되어 있는 임시배전반 사진이다. 임시배전반 작업 시 안전대책을 3가지 쓰시오.

➡️해답 ① 충전부가 노출되지 않도록 폐쇄형 외함이 있는 구조로 할 것
　　　② 충전부에 충분한 절연효과가 있는 방호망 또는 절연덮개를 설치할 것
　　　③ 충전부는 내구성이 있는 절연물로 완전히 덮어 감쌀 것
　　　④ 발전소·변전소 및 개폐소 등 구획되어 있는 장소로서 관계 근로자가 아닌 사람의 출입이 금지되는
　　　　장소에 충전부를 설치하고, 위험표시 등의 방법으로 방호를 강화할 것
　　　⑤ 전주 위 및 철탑 위 등 격리되어 있는 장소로서 관계 근로자가 아닌 사람이 접근할 우려가 없는 장소에
　　　　충전부를 설치할 것
　　　⑥ 노출 충전부가 있는 맨홀 또는 지하실 등의 밀폐공간에서 작업하는 경우에는 노출 충전부와의 접촉으로
　　　　인한 전기위험을 방지하기 위하여 덮개, 방호율 또는 절연 칸막이 등을 설치할 것
　　　⑦ 감전위험을 방지하기 위하여 개폐되는 문, 경첩이 있는 패널 등(분전반 또는 제어반 문)을 견고하게
　　　　고정

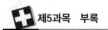

O6.
차량계 건설기계 작업 시 그 기계가 넘어지거나 굴러떨어짐으로써 근로자가 위험해질 우려가 있는 경우 조치사항에 대하여 3가지를 쓰시오.

[해답] ① 유도하는 사람을 배치
② 지반의 부동침하 방지
③ 갓길의 붕괴 방지
④ 도로 폭의 유지

O7.
거푸집 동바리 조립 시 준수해야 하는 사항을 3가지 쓰시오.

[해답] 1. 받침목이나 깔판의 사용, 콘크리트 타설, 말뚝박기 등 동바리의 침하를 방지하기 위한 조치를 할 것
2. 동바리의 상하 고정 및 미끄러짐 방지 조치를 할 것
3. 상부·하부의 동바리가 동일 수직선상에 위치하도록 하여 깔판·받침목에 고정시킬 것
4. 개구부 상부에 동바리를 설치하는 경우에는 상부하중을 견딜 수 있는 견고한 받침대를 설치할 것
5. U헤드 등의 단판이 없는 동바리의 상단에 멍에 등을 올릴 경우에는 해당 상단에 U헤드 등의 단판을 설치하고, 멍에 등이 전도되거나 이탈되지 않도록 고정시킬 것
6. 동바리의 이음은 같은 품질의 재료를 사용할 것
7. 강재의 접속부 및 교차부는 볼트·클램프 등 전용철물을 사용하여 단단히 연결할 것
8. 거푸집의 형상에 따른 부득이한 경우를 제외하고는 깔판이나 받침목은 2단 이상 끼우지 않도록 할 것
9. 깔판이나 받침목을 이어서 사용하는 경우에는 그 깔판·받침목을 단단히 연결할 것

O8.
배수구조물 설치를 위한 터파기 작업이 진행 중이다. 지반의 기울기 기준을 모래, 연암 및 풍화암, 경암, 그 밖의 흙에 대하여 쓰시오.

[해답]

지반의 종류	굴착면의 기울기
모래	1 : 1.8
연암 및 풍화암	1 : 1.0
경암	1 : 0.5
그 밖의 흙	1 : 1.2

건설안전산업기사 2010년 2회(A형)

01.
차량계 건설기계의 전도방지를 위해 필요한 조치사항에 대하여 3가지를 쓰시오.

해답
① 유도하는 사람 배치
② 지반의 부동침하 방지
③ 갓길의 붕괴 방지
④ 도로 폭의 유지

02.
다음은 이동식 크레인을 이용하여 빔을 인양하는 작업이다. 작업 중 위험요인 및 대책을 2가지씩 쓰시오.

해답 (1) 위험요인
① 화물을 1가닥으로 인양하여 화물이 균형을 잃고 낙하할 위험
② 낙하위험구간의 작업자 출입으로 인한 위험
③ 신호수 미배치로 인한 위험
(2) 안전대책
① 화물을 두 줄로 걸어 균형을 잡고 운반할 것
② 낙하위험구간에 작업자 출입을 금지할 것
③ 신호수를 배치할 것

03.
백호가 굴착작업을 하는 모습이다. 다음 작업시작 전 안전관리자의 점검사항을 2가지 쓰시오.

해답 ① 형상·지질 및 지층의 상태
② 균열·함수·용수 및 동결의 유무 또는 상태
③ 매설물 등의 유무 또는 상태
④ 지반의 지하수위 상태

04.

작업자가 건물 외측에 설치한 낙하물방지망을 보수하고 있다. 이와 같이 낙하물방지망을 설치할 때 작업자가 착용해야 하는 보호구 (①) 및 설치기준에 대하여 ( ) 안에 알맞은 단어를 써 넣으시오.

> 1) 높이 (②)m 이내마다 설치하고, 내민 길이는 벽면으로부터 (③)m 이상으로 할 것
> 2) 수평면과의 각도는 (④) 이하를 유지할 것

➡해답 ① 안전대   ② 10   ③ 2   ④ 20~30°

05.

터널 굴착작업 시 시공계획에 포함되어야 할 사항 3가지를 쓰시오.

➡해답 ① 굴착의 방법
② 터널지보공 및 복공의 시공방법과 용수의 처리방법
③ 환기 또는 조명시설을 하는 때에는 그 방법

06.

천장 부분의 작업을 위해 이동식 사다리가 설치되어 있다. 이동식 사다리의 설치기준을 3가지 쓰시오.

➡해답 ① 견고한 구조로 할 것
② 재료는 심한 손상·부식 등이 없을 것
③ 발판의 간격은 동일하게 할 것
④ 발판과 벽의 사이는 15cm 이상의 간격을 유지할 것
⑤ 폭은 30cm 이상으로 할 것
⑥ 사다리가 넘어지거나 미끄러지는 것을 방지하기 위한 조치를 할 것
⑦ 사다리의 상단은 걸쳐 놓은 지점으로부터 60cm 이상 올라가도록 할 것

07.

파이프 받침대 영상을 보여주고 있다. 동영상을 참고하여 작업 시 주의사항을 3가지 쓰시오.

➡해답 1. 받침목이나 깔판의 사용, 콘크리트 타설, 말뚝박기 등 동바리의 침하를 방지하기 위한 조치를 할 것
2. 동바리의 상하 고정 및 미끄러짐 방지 조치를 할 것
3. 상부·하부의 동바리가 동일 수직선상에 위치하도록 하여 깔판·받침목에 고정시킬 것
4. 개구부 상부에 동바리를 설치하는 경우에는 상부하중을 견딜 수 있는 견고한 받침대를 설치할 것

5. U헤드 등의 단판이 없는 동바리의 상단에 멍에 등을 올릴 경우에는 해당 상단에 U헤드 등의 단판을 설치하고, 멍에 등이 전도되거나 이탈되지 않도록 고정시킬 것
6. 동바리의 이음은 같은 품질의 재료를 사용할 것
7. 강재의 접속부 및 교차부는 볼트·클램프 등 전용철물을 사용하여 단단히 연결할 것
8. 거푸집의 형상에 따른 부득이한 경우를 제외하고는 깔판이나 받침목은 2단 이상 끼우지 않도록 할 것
9. 깔판이나 받침목을 이어서 사용하는 경우에는 그 깔판·받침목을 단단히 연결할 것

08.
다음 건설기계의 명칭 및 나선형으로 된 장치명을 쓰시오.

➡해답 (1) 기계 명칭 : 어스드릴(Earth Drill)
      (2) 장치명 : 스크루(회전식 버킷)

건설안전산업기사 2010년 4회(A형)

01.
동영상은 굴착작업장의 흙막이 구조물을 보여주고 있다. 이와 같은 흙막이 지보공을 설치한 때에 정기적으로 점검하여 이상 발견 시 즉시 보수하여야 하는 사항을 3가지 쓰시오.

➡해답 ① 부재의 손상·변형·부식·변위 및 탈락의 유무와 상태
      ② 버팀대의 긴압의 정도
      ③ 부재의 접속부·부착부 및 교차부의 상태
      ④ 침하의 정도

O2.
동영상은 교량 가설공법의 한 종류를 보여주고 있다. 다음에 답하시오.

(1) 영상에 보여진 교량 가설공법의 명칭은 무엇인가?
(2) 영상에서 보여지고 있는 세그먼트 가설방식은 무엇인가?

해답 (1) ILM 공법(Incremental Launching Method), 압출공법
     (2) PSM 공법(Precast Segmental Method)

O3.
건설용 리프트 운행 시 불안전한 상태가 많이 발생된다. 영상에 나타난 불안전한 행동 및 상태를 4가지만 기술하시오

해답 ① 탑승대기 중 안전난간 및 문 밖으로 머리를 내밀어 리프트 위치를 확인하는 등 협착위험
     ② 자재의 운반방법 불량에 의한 화물의 낙하위험
     ③ 리프트의 출입문이 열린 상태에서 추락위험
     ④ 탑승자가 마스트 중심쪽으로 탑승하여 추락위험

O4.
콘크리트 타설작업을 하기 위하여 콘크리트타설장비 이용 작업 시 준수사항 3가지를 쓰시오.

해답 1. 작업을 시작하기 전에 콘크리트타설장비를 점검하고 이상을 발견하였으면 즉시 보수할 것
     2. 건축물의 난간 등에서 작업하는 근로자가 호스의 요동·선회로 인하여 추락하는 위험을 방지하기 위하여 안전난간 설치 등 필요한 조치를 할 것
     3. 콘크리트타설장비의 붐을 조정하는 경우에는 주변의 전선 등에 의한 위험을 예방하기 위한 적절한 조치를 할 것
     4. 작업 중에 지반의 침하나 아웃트리거 등 콘크리트타설장비 지지구조물의 손상 등에 의하여 콘크리트타설장비가 넘어질 우려가 있는 경우에는 이를 방지하기 위한 적절한 조치를 할 것

05.
사진에 나타난 터널 굴착공법의 명칭과 발파에 의한 굴착공법과 비교한 이 굴착공법의 장점을 3가지
만 쓰시오.

해답 (1) 공법의 명칭 : T.B.M 공법(Tunnel Boring Machine Method)
　　　(2) 장점
　　　　　① 연속적인 굴착으로 고속 시공이 가능하다.
　　　　　② 암반의 이완이 적기 때문에 붕락의 위험이 적다.
　　　　　③ 굴착면이 양호하고 여굴이 거의 없다.
　　　　　④ 굴착 단면이 원형을 유지하여 역학적으로 안정적이다.
　　　　　⑤ 소음, 진동이 적어 주변 구조물에 거의 영향이 없다.
　　　　　⑥ 비발파 굴착으로 내부작업 환기에 유리하다.

06.
덤프트럭의 후진 시 조치되어야 하는 안전사항을 2가지 기술하시오.

해답 ① 작업 유도자 배치 및 작업반경 내 근로자 접근금지
　　　② 덤프트럭 바퀴에 고임목(쐐기)을 설치하여 급작스런 유동 방지
　　　③ 적재적량 상차 및 덮개를 덮고 운반
　　　④ 지반을 고르게 하고 수평 유지
　　　⑤ 살수 실시 및 운행속도 제한

07.

사진에 보여진 아파트의 작업층에 필요한 안전시설의 종류를 2가지 쓰시오.

해답 ① 안전난간 설치
② 낙하물 방지망 설치

건설안전산업기사 2011년 1회(A형)

O1.
타워 크레인의 방호장치를 2가지 쓰시오.

➡**해답** ① 권과방지장치　　② 과부하방지장치
　　　　③ 비상정지장치　　④ 브레이크장치
　　　　⑤ 훅해지장치

O2.
철근 운반작업을 하는 동영상이다. 철근 운반시 주의사항을 3가지 쓰시오.

➡**해답** ① 2개 이상 철근을 운반할 때 양 끝을 묶어 운반한다.
　　　　② 내려놓을 때에는 튕기지 않도록 던지지 말고 천천히 내려놓는다.
　　　　③ 길이가 긴 철근의 경우 2인 1조로 어깨 메기로 운반한다.

O3.
사진에 보이는 교량의 형식(사장교)의 작업순서를 쓰시오.

➡**해답** (1) 작업순서
　　　　① 우물통 기초공사 → ② 주탑 시공 → ③ 슬래브 시공 → ④ 케이블 설치 → ⑤ 교면 아스콘 포장

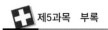
04.

동영상은 터널굴착 장비를 조립하고 이를 이용하여 굴착 및 토사 운반작업을 하는 과정을 보여주고 있다. 이와 같은 작업을 할 때에는 시공계획을 수립하여야 하는데, 이 시공계획에 반드시 포함하여야 하는 사항을 3가지 쓰시오.

해답 ① 굴착의 방법
② 터널지보공 및 복공의 시공방법과 용수의 처리방법
③ 환기 또는 조명시설을 하는 때에는 그 방법

05.

충전부가 노출되어 있는 전기기계·기구의 사진을 보여주고 있다. 이와 같이 직접접촉에 의한 감전위험이 있을 경우 방호대책을 3가지 쓰시오.

해답 ① 충전부가 노출되지 않도록 폐쇄형 외함이 있는 구조로 할 것
② 충전부에 충분한 절연효과가 있는 방호망 또는 절연덮개를 설치할 것
③ 충전부는 내구성이 있는 절연물로 완전히 덮어 감쌀 것
④ 발전소·변전소 및 개폐소 등 구획되어 있는 장소로서 관계 근로자가 아닌 사람의 출입이 금지되는 장소에 충전부를 설치하고, 위험표시 등의 방법으로 방호를 강화할 것
⑤ 전주 위 및 철탑 위 등 격리되어 있는 장소로서 관계 근로자가 아닌 사람이 접근할 우려가 없는 장소에 충전부를 설치할 것
⑥ 노출 충전부가 있는 맨홀 또는 지하실 등의 밀폐공간에서 작업하는 경우에는 노출 충전부와의 접촉으로 인한 전기위험을 방지하기 위하여 덮개, 울타리 또는 절연 칸막이 등을 설치할 것
⑦ 감전위험을 방지하기 위하여 개폐되는 문, 경첩이 있는 패널 등(분전반 또는 제어반 문)을 견고하게 고정

06.

와이어로프 체결방법 중 올바른 번호를 선택하고 그 이유를 쓰시오.

해답 (1) 올바른 체결방법 : ①
(2) 이유 : 클립의 새들(Saddle)은 와이어로프의 힘이 걸리는 쪽에 위치해야 한다.

07.
사진에 나타난 건설기계(불도저)로 할 수 있는 작업을 4가지 쓰시오.

➡️**해답** ① 운반작업, ② 적재작업, ③ 지반정지, ④ 굴착작업

08.
동영상은 한 줄 걸이를 이용하여 하수관을 이동하던 중 하수관이 낙하하여 작업자가 깔리는 재해 장면을 보여주고 있다. 동영상을 참고하여 재해의 유형과 방지대책을 쓰시오.

➡️**해답** 1) 사고유형 : 끼임(협착)
　　　 2) 사고 방지대책
　　　　　 ① 화물의 인양작업 시에는 이동식 크레인 등 양중기를 사용할 것
　　　　　 ② 인양물을 인양로프에 체결 시 2줄 걸이로 할 것
　　　　　 ③ 인양물 하부에 근로자의 접근을 통제할 것
　　　　　 ④ 작업 전 인양로프의 이상 여부를 확인할 것

건설안전산업기사 2011년 2회(A형)

01.
동영상은 작업자가 철근배근 작업을 하던 중 개구부에 발이 빠지는 장면을 보여주고 있다. 개구부 추락위험 방지시설물을 3가지 쓰시오.

➡️**해답** ① 안전난간 설치
　　　　 ② 울 및 손잡이 설치
　　　　 ③ 덮개를 설치하는 경우 뒤집히거나 떨어지지 않도록 할 것
　　　　 ④ 추락방호망 설치

⑤ 안전대 착용
⑥ 어두운 장소에서도 알아볼 수 있도록 개구부임을 표시

02.

동영상은 작업자가 안전대를 착용하지 않은 상태에서 낙하물방지망을 보수하던 중 발을 디딘 지지대가 부러지면서 추락하는 장면을 보여주고 있다. 동영상을 보고 낙하물방지망 보수작업 중 일어난 재해의 종류와 방지대책을 2가지 쓰시오.

해답 (1) 재해의 종류 : 추락
(2) 재해 방지대책 : ① 안전대 부착설비 설치 및 안전대 착용, ② 작업발판 설치

03.

콘크리트 말뚝을 설치하는 동영상이다. 이와 같은 공법(SIP ; Soil cement Injected Precast pile)의 장점을 2가지 쓰시오.

해답 ① 소음, 진동이 적다.
② 다양한 지층에 활용 가능하다.
③ 공사기간을 단축할 수 있다.

04.

사진에 나타난 기계의 명칭과 역할을 2가지 쓰시오.

해답 (1) 명칭 : 모터그레이더(Motor Grader)
(2) 역할
① 땅고르기　　　② 정지작업　　　③ 도로정리

05.

굴착기로 흙을 퍼서 덤프트럭에 담는 작업장에서 근로자들은 보호구를 착용하지 않고 작업을 하고 있으며, 유도자 없이 덤프트럭이 나가고 들어오는 장면을 보여주고 있다. 동영상을 참고하여 재해방지 조치 3가지를 쓰시오.

해답 ① 작업 유도자 배치 및 작업반경 내 근로자 접근금지
② 덤프트럭 바퀴에 고임목(쐐기)을 설치하여 급작스런 유동 방지
③ 적재적량 상차 및 덮개를 덮고 운반
④ 지반을 고르게 하고 수평 유지
⑤ 살수 실시 및 운행속도 제한

06.

건설현장에서 보호구를 착용하지 않은 작업자가 아래쪽에서 위쪽으로 단관비계 부재를 세로로 들어 올려주고 있다. 동영상을 참고하여 발생 가능한 사고를 2가지 쓰시오.

해답 ① 작업자의 안전대, 안전모 미착용으로 인한 추락위험
② 작업발판 미설치로 인한 추락위험
③ 재료·기구 또는 공구 등을 올리거나 내리는 경우 달줄 또는 달포대 미사용으로 인한 낙하위험

07.

동영상을 참고하여 건설장비가 무너짐되지 않기 위한 방지조치를 3가지 쓰시오.

해답 ① 연약한 지반에 설치하는 경우에는 아웃트리거·받침 등 지지구조물의 침하를 방지하기 위하여 버팀목이나 깔판 등을 사용할 것
② 시설 또는 가설물 등에 설치하는 경우에는 그 내력을 확인하고 내력이 부족하면 그 내력을 보강할 것
③ 아웃트리거·받침 등 지지구조물이 미끄러질 우려가 있는 경우에는 말뚝 또는 쐐기 등을 사용하여 해당 지지구조물을 고정시킬 것
④ 궤도 또는 차로 이동하는 항타기 또는 항발기에 대해서는 불시에 이동하는 것을 방지하기 위하여 레일 클램프(rail clamp) 및 쐐기 등으로 고정시킬 것
⑤ 상단 부분은 버팀대·버팀줄로 고정하여 안정시키고, 그 하단 부분은 견고한 버팀·말뚝 또는 철골 등으로 고정시킬 것

건설안전산업기사 2011년 4회(A형)

01.
건설현장의 외부비계에 경사로가 설치되어 있는 사진이다. 경사로 사진을 보고 빈칸에 알맞은 숫자를 쓰시오.

> (1) 비탈면의 경사각은 (①) 이내로 하고 미끄럼막이를 설치한다.
> (2) 경사로 지지기둥은 (②) 이내마다 설치하여야 한다.
> (3) 높이 (③) 이내마다 계단참을 설치하여야 한다.

해답 ① 30° ② 3m ③ 7m

02.
지게차로 화물을 운반하는 사진이다. 화물 적재시 준수하여야 할 사항 3가지를 쓰시오.

해답 ① 하중이 한쪽으로 치우치지 않도록 적재할 것
② 운전자의 시야를 가리지 않도록 화물을 적재할 것
③ 화물을 적재하는 경우에는 최대적재량 초과 금지

03.
사진에 보이는 차량계 건설기계의 명칭과 작업을 2가지 쓰시오.

해답 (1) 명칭 : 로더
(2) 작업 : 싣기작업, 운반작업

04.
작업자가 목재 가공용 둥근톱 기계를 사용하기 전 가설분전함의 누전차단기 작동상태 및 전선 체결상태를 점검한 후 둥근톱 기계로 합판을 절단하다 사고가 발생하였다.

> (1) 동영상에서 알 수 있는 재해발생 원인을 2가지 쓰시오.
> (2) 누전차단기를 반드시 설치해야 하는 작업장소를 쓰시오.

해답 (1) 재해발생 원인
　　　　① 분할날 반발예방장치 미설치
　　　　② 톱날접촉 예방장치 미설치
　　　　③ 작업 시 장갑 착용

　　　(2) 누전차단기 설치장소
　　　　① 물 등 도전성이 높은 액체에 의한 습윤 장소
　　　　② 철판·철골 위 등 도전성이 높은 장소
　　　　③ 임시배선의 전로가 설치되는 장소

05.
엄지말뚝, 토류판 및 어스앵커 구조로 된 흙막이 지보공을 보여주는 동영상이다. 흙막이 지보공의 정기점검사항 3가지를 쓰시오.

해답 ① 부재의 손상·변형·부식·변위 및 탈락의 유무와 상태
　　　② 버팀대의 긴압의 정도
　　　③ 부재의 접속부·부착부 및 교차부의 상태
　　　④ 침하의 정도

06.
강교량 건설현장 동영상이다. 교량의 상부에 보호구를 미착용한 근로자들이 작업하고 있다. 동영상을 참고하여 추락방지시설 2가지를 쓰시오.(단, 추락방호망 제외)

해답 ① 작업(통로)발판 설치
　　　② 안전대 부착설비 설치 및 안전대 착용
　　　③ 추락 방지용 추락방호망 설치
　　　④ 작업발판 단부, 스틸박스 단부에 안전난간 설치

07.
사진에 보여진 아파트의 작업층에 필요한 안전시설의 종류를 2가지 쓰시오.

➡해답 ① 안전난간 설치
② 낙하물 방지망 설치

08.
동영상은 한 줄 걸이를 이용하여 하수관을 이동하던 중 하수관이 낙하하여 작업자가 깔리는 재해를 보여주고 있다. 동영상을 참고하여 재해의 유형과 예방사항을 쓰시오.

➡해답 1) 사고유형 : 끼임(협착)
2) 사고 방지대책
① 화물의 인양작업 시에는 이동식 크레인 등 양중기를 사용할 것
② 인양물을 인양로프에 체결 시 2줄 걸이로 할 것
③ 인양물 하부에 근로자의 접근을 통제할 것
④ 작업 전 인양로프의 이상 여부를 확인할 것

건설안전산업기사 2012년 1회(A형)

01.

동영상은 터널을 굴착하는 장면을 보여주고 있다. 공법의 종류와 동영상의 공법의 적용이 어려운 지반을 2가지 쓰시오.

➡️**해답** (1) 공법의 종류 : T.B.M 공법(Tunnel Boring Machine Method)

(2) 적용이 어려운 지반

① 암질의 급격한 변화가 있는 구간

② 다량의 용수가 있는 곳

③ 연약지반

02.

항타기 · 항발기 작업의 동영상을 보여주고 있다. 항타기 · 항발기의 무너짐 방지방법을 3가지 쓰시오.

➡️**해답** ① 연약한 지반에 설치하는 경우에는 아웃트리거 · 받침 등 지지구조물의 침하를 방지하기 위하여 버팀목이나 깔판 등을 사용할 것

② 시설 또는 가설물 등에 설치하는 경우에는 그 내력을 확인하고 내력이 부족하면 그 내력을 보강할 것

③ 아웃트리거 · 받침 등 지지구조물이 미끄러질 우려가 있는 경우에는 말뚝 또는 쐐기 등을 사용하여 해당 지지구조물을 고정시킬 것

④ 궤도 또는 차로 이동하는 항타기 또는 항발기에 대해서는 불시에 이동하는 것을 방지하기 위하여 레일 클램프(rail clamp) 및 쐐기 등으로 고정시킬 것

⑤ 상단 부분은 버팀대 · 버팀줄로 고정하여 안정시키고, 그 하단 부분은 견고한 버팀 · 말뚝 또는 철골 등으로 고정시킬 것

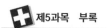

O3.
사진은 낙하물 방지망을 보여주고 있다. 낙하물 방지망의 최초 사용개시 후 시험기간과 정기시험기간을 쓰시오.

➡해답 ① 최초 사용개시 후 시험기간 : 1년
② 정기시험기간 : 6개월마다

O4.
사진에 보이는 차량계 건설기계의 명칭과 작업을 2가지 쓰시오.

➡해답 (1) 명칭 : 로더
(2) 작업 : 싣기작업, 운반작업

O5.
아파트 건설현장 외부 비계에서 작업자가 자재를 위층으로 올리던 중 위층 작업자가 자재를 놓쳐 자재가 떨어지는 사고가 발생하였다. 이때, 위험요인 3가지를 쓰시오.

➡해답 ① 낙하 자재가 비계 위 근로자를 가격함으로 인한 근로자 추락위험
② 작업구간 하부 근로자 출입통제 미실시로 인한 낙하위험
③ 재료·기구 또는 공구 등을 올리거나 내리는 경우 달줄 또는 달포대 미사용으로 인한 낙하위험

06.
아파트 건설현장을 보여주고 있다. 이와 같은 아파트 건설현장에서 화물의 낙하·비래 위험이 있는 경우 조치해야 할 사항 2가지를 쓰시오.

➡해답 ① 낙하물 방지망 설치
② 출입금지구역의 설정
③ 방호선반 설치
④ 작업자의 안전모 착용 지시

07.
콘크리트 타설작업 동영상을 보여주고 있다. 콘크리트 타설작업 시 준수사항을 3가지 쓰시오.

➡해답 1. 작업을 시작하기 전에 콘크리트타설장비를 점검하고 이상을 발견하였으면 즉시 보수할 것
2. 건축물의 난간 등에서 작업하는 근로자가 호스의 요동·선회로 인하여 추락하는 위험을 방지하기 위하여 안전난간 설치 등 필요한 조치를 할 것
3. 콘크리트타설장비의 붐을 조정하는 경우에는 주변의 전선 등에 의한 위험을 예방하기 위한 적절한 조치를 할 것
4. 작업 중에 지반의 침하나 아웃트리거 등 콘크리트타설장비 지지구조물의 손상 등에 의하여 콘크리트타설장비가 넘어질 우려가 있는 경우에는 이를 방지하기 위한 적절한 조치를 할 것

08.
작업자가 외부비계를 타고 올라가고 있다. 동영상을 참고하여 현장에서 추락재해를 유발하는 불안전한 요인을 3가지 쓰시오.

➡해답 ① 작업발판 단부에 안전난간 미설치
② 근로자가 외부비계 위 작업장으로 이동할 수 있는 승강설비, 가설계단 미설치
③ 외부비계 위 통로에 대리석 자재가 적치되어 안전통로 미확보

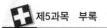

건설안전산업기사 2012년 2회(A형)

01.
터널공사 현장에서 천공기를 사용하여 구멍을 뚫고 있는 장면을 보여주고 있다. 화약류 취급 시 유의해야 할 사항 3가지를 쓰시오.

해답 ① 화약이나 폭약을 장전하는 경우에는 그 부근에서 화기를 사용하거나 흡연을 하지 않도록 할 것
② 장전구(裝塡具)는 마찰·충격·정전기 등에 의한 폭발의 위험이 없는 안전한 것을 사용할 것
③ 발파공의 충진재료는 점토·모래 등 발화성 또는 인화성의 위험이 없는 재료를 사용할 것

02.
교각, 사일로, 굴뚝 등과 같이 수직적으로 연속된 구조물에 사용되는 거푸집 공법의 명칭과 특징을 쓰시오.

해답 (1) 명칭
슬라이딩 폼(Sliding Form)
(2) 특징
① 요크(Yoke)로 거푸집을 수직으로 연속 이동시키면서 콘크리트 타설
② 돌출물 등 단면 형상의 변화가 없는 곳에 적용
③ 공기단축 및 거푸집 제거 등 소요인력 절약
④ 일체성 확보

03.
작업자가 이동식 비계 최상부에 올라가서 작업을 하고 있다. 이때 재해예방을 위한 안전조치사항 3가지를 쓰시오.

해답 ① 작업발판은 항상 수평을 유지한다.
② 최상부 작업발판 단부에는 안전난간을 설치한다.
③ 근로자는 안전대를 걸고 작업한다.
④ 이동식 비계가 전도되지 않도록 시설물에 고정하거나 아웃트리거를 설치한다.

04.
아파트 건설공사 장면을 보여주고 있다. 아파트 건설공사 작업 시 추락재해 방지조치를 3가지 쓰시오.

해답 ① 안전난간, 울타리, 수직형 추락방망 설치
② 충분한 강도를 가진 구조로 덮개를 튼튼하게 설치
③ 어두운 장소에서도 알아볼 수 있도록 개구부임을 표시

④ 추락방호망 설치
⑤ 근로자 안전대 착용

05.
콘크리트 말뚝을 설치하는 동영상이다. 이와 같은 말뚝의 항타공법 종류를 3가지 쓰시오.

<hr>

해답 ① 타격공법 : 드롭해머, 스팀해머, 디젤해머, 유압해머
② 진동공법 : Vibro Hammer로 상하진동을 주어 타입, 강널말뚝에 적용
③ 선행굴착 공법(Pre-Boring) : Earth Auger로 천공 후 기성말뚝 삽입, 소음·진동 최소
④ 워터제트 공법 : 고압으로 물을 분사시켜 마찰력을 감소시키며 말뚝 매입
⑤ 압입공법 : 유압 압입장치의 반력을 이용하여 말뚝 매입
⑥ 중공굴착공법 : 말뚝의 내부를 스파이럴 오거로 굴착하면서 말뚝 매입

06.
작업자가 밀폐장소에서 작업하던 중 쓰러지는 동영상을 보여주고 있다. 이와 같은 밀폐된 공간, 즉 잠함, 우물통, 수직갱 등에서 작업 시 산소결핍기준 및 환기가 불가능 할 경우 착용해야 하는 보호구의 종류를 쓰시오.

<hr>

해답 (1) 결핍기준 : 공기 중의 산소농도가 18% 미만인 상태
(2) 보호구 : 송기마스크, 산소마스크

07.
교량 상부공사가 진행 중이다. 보기를 참고하여 교량공사인 외팔보 공법(F.C.M)의 시공순서대로 번호를 쓰시오.

① 주두부 시공	② Form Traveller 설치	③ 마무리 및 완료
④ 측경간 시공	⑤ Key Segment 시공	⑥ Segment 설치

<hr>

해답 ① 주두부 시공 → ② Form Traveller 설치 → ⑥ Segment 설치 → ⑤ Key Segment 시공 → ④ 측경간 시공 → ③ 마무리 및 완료

08.
교량 건설공사 중 스틸박스 거더를 설치하고 있는 동영상을 보여주고 있다. 교량 상부공 작업 시 작업자가 하부로 추락하는 재해가 발생하였다. 이때 재해예방대책을 4가지 쓰시오.

<hr>

해답 ① 작업(통로)발판 설치
② 안전대 부착설비 설치 및 안전대 착용
③ 추락방지용 추락방호망 설치
④ 작업발판 단부, 스틸박스 단부에 안전난간 설치

건설안전산업기사 2012년 4회(A형)

01.
원심력 철근콘크리트 말뚝의 장점을 2가지 쓰시오.

➡️해답 ① 내구성이 크고 입수하기가 비교적 쉽다.
② 재질이 균일하여 신뢰성이 있다.
③ 길이 15미터 이하인 경우에 경제적이다.
④ 강도가 커서 지지말뚝으로 적합하다.

02.
동영상은 굴착작업장의 흙막이 구조물을 보여주고 있다. 이와 같은 흙막이 지보공을 설치한 때에 정기적으로 점검하여 이상 발견 시 즉시 보수하여야 하는 사항을 3가지 쓰시오.

➡️해답 ① 부재의 손상·변형·부식·변위 및 탈락의 유무와 상태
② 버팀대의 긴압의 정도
③ 부재의 접속부·부착부 및 교차부의 상태
④ 침하의 정도

03.
동영상을 참고하여 건설장비가 무너짐되지 않기 위한 방지조치를 3가지 쓰시오.

➡️해답 ① 연약한 지반에 설치하는 경우에는 아웃트리거·받침 등 지지구조물의 침하를 방지하기 위하여 버팀목이나 깔판 등을 사용할 것
② 시설 또는 가설물 등에 설치하는 경우에는 그 내력을 확인하고 내력이 부족하면 그 내력을 보강할 것
③ 아웃트리거·받침 등 지지구조물이 미끄러질 우려가 있는 경우에는 말뚝 또는 쐐기 등을 사용하여 해당 지지구조물을 고정시킬 것
④ 궤도 또는 차로 이동하는 항타기 또는 항발기에 대해서는 불시에 이동하는 것을 방지하기 위하여 레일 클램프(rail clamp) 및 쐐기 등으로 고정시킬 것
⑤ 상단 부분은 버팀대·버팀줄로 고정하여 안정시키고, 그 하단 부분은 견고한 버팀·말뚝 또는 철골 등으로 고정시킬 것

04.

다음은 철근이 이음된 모습이다. 철근의 이음방법을 3가지 쓰시오.

해답 ① 겹침 이음
② 용접 이음
③ 가스 압접

05.

콘크리트타설장비로 콘크리트를 타설 중인 모습을 보여주고 있다. 거푸집 위에서 근로자는 작업하고 있고, 작업발판과 안전난간이 설치되지 않았다. 붐대 위 전선이 있다. 콘크리트타설장비에 대한 위험요인과 근로자의 위험요인을 쓰시오.

해답 (1) 콘크리트타설장비에 대한 위험요인 : 붐 조정 시 인접 전선에 의한 감전위험
(2) 근로자 위험요인 : 붐의 선회, 요동 시 접촉으로 인한 추락위험

06.

굴착기로 흙을 퍼서 덤프트럭에 담는 작업장에서 근로자들은 보호구를 착용하지 않고 작업을 하고 있으며, 유도자 없이 덤프트럭이 나가고 들어오는 장면을 보여주고 있다. 동영상을 참고하여 재해방지조치 3가지를 쓰시오.

해답 ① 작업 유도자 배치 및 작업반경 내 근로자 접근금지
② 덤프트럭 바퀴에 고임목(쐐기)을 설치하여 급작스런 유동 방지
③ 적재적량 상차 및 덮개를 덮고 운반
④ 지반을 고르게 하고 수평 유지
⑤ 살수 실시 및 운행속도 제한

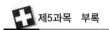

07.

건물 외벽 쌍줄비계에서 작업을 하고 있는 동영상을 보여주고 있다. 이와 같이 비계를 조립·해체하거나 변경하는 작업을 하는 경우 준수사항 3가지를 쓰시오.

해답 ① 근로자가 관리감독자의 지휘에 따라 작업하도록 할 것
② 조립·해체 또는 변경의 시기·범위 및 절차를 그 작업에 종사하는 근로자에게 주지시킬 것
③ 조립·해체 또는 변경 작업구역에는 해당 작업에 종사하는 근로자가 아닌 사람의 출입을 금지하고 그 내용을 보기 쉬운 장소에 게시할 것
④ 비, 눈, 그 밖의 기상상태의 불안정으로 날씨가 몹시 나쁜 경우에는 그 작업을 중지시킬 것
⑤ 비계재료의 연결·해체작업을 하는 경우에는 폭 20센티미터 이상의 발판을 설치하고 근로자로 하여금 안전대를 사용하도록 하는 등 추락을 방지하기 위한 조치를 할 것
⑥ 재료·기구 또는 공구 등을 올리거나 내리는 경우에는 근로자가 달줄 또는 달포대 등을 사용하게 할 것

08.

와이어로프의 사용금지 기준을 3가지 쓰시오.

해답 ① 이음매가 있는 것
② 와이어로프의 한 꼬임(스트랜드)에서 끊어진 소선[素線, 필러(Pillar)선은 제외]의 수가 10% 이상(비자전로프의 경우에는 끊어진 소선의 수가 와이어로프 호칭지름의 6배 길이 이내에서 4개 이상이거나 호칭지름 30배 길이 이내에서 8개 이상)인 것
③ 지름의 감소가 공칭지름의 7%를 초과하는 것
④ 꼬인 것
⑤ 심하게 변형 또는 부식된 것
⑥ 열과 전기충격에 의해 손상된 것

건설안전산업기사 2012년 4회(B형)

01.

흙막이 공사 시 재해예방을 위한 조치사항 2가지를 쓰시오.

해답 ① 흙막이 지보공의 재료로 변형·부식되거나 심하게 손상된 것을 사용해서는 안 된다.
② 흙막이 지보공을 조립하는 경우 미리 조립도를 작성하여 그 조립도에 따라 조립하도록 해야 한다.
③ 흙막이 지보공을 설치하였을 때에는 정기적으로 부재의 손상·변형·부식·변위 및 탈락의 유무와 상태 등을 점검하고 이상을 발견하면 즉시 보수하여야 한다.

④ 설계도서에 따른 계측을 하고 계측 분석 결과 토압의 증가 등 이상한 점을 발견한 경우에는 즉시 보강조
치를 하여야 한다.

O2.
사진에 보이는 교량 형식의 명칭과 작업순서를 쓰시오.

➔해답 (1) 명칭 : 사장교
　　(2) 작업순서
　　　　① 우물통 기초공사 - ② 주탑 시공 - ③ 슬래브 시공 - ④ 케이블 설치 - ⑤ 교면 아스콘 포장

O3.
다음 건설기계의 명칭 및 나선형으로 된 장치명을 쓰시오.

➔해답 (1) 기계 명칭 : 어스드릴(Earth Drill)
　　(2) 장치명 : 스크루(회전식 버킷)

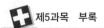

04.
다음 토공기계의 명칭과 용도를 쓰시오.

→해답 (1) 명칭 : 스크레이퍼(Scraper)
　　　　　(2) 용도 : 흙을 절삭·운반하거나 펴 고르는 등의 작업을 하는 토공기계

05.
작업자가 이동식 비계 위에서 자재를 옮기는 장면을 보여주고 있다. 동영상을 참고하여 이동식 비계 작업 시 위험요인을 3가지 쓰시오.

→해답 ① 이동식 비계 작업발판 단부에 안전난간 미설치로 인한 추락위험
　　　　　② 승강 사다리를 이용하여 이동식 비계에 승강 중 추락위험
　　　　　③ 이동식 비계의 전도위험
　　　　　④ 이동식 비계의 갑작스런 움직임에 의한 탑승 근로자 추락위험

06.
교량 건설공사 사진이다. 교량 건설공사 작업 중의 추락재해를 방지하기 위해 조치해야 할 사항을 3가지 쓰시오.

→해답 ① 작업(통로)발판 설치
　　　　　② 안전대 부착설비 설치 및 안전대 착용
　　　　　③ 추락방지용 추락방호망 설치
　　　　　④ 작업발판 단부, 스틸박스 단부에 안전난간 설치

O7.
건설현장에서 보호구를 착용하지 않은 작업자가 아래쪽에서 위쪽으로 단관비계 부재를 세로로 들어 올려주고 있다. 동영상을 참고하여 발생 가능한 사고를 2가지 쓰시오.

➡️**해답** ① 작업자의 안전대, 안전모 미착용으로 인한 추락위험
② 작업발판 미설치로 인한 추락위험
③ 재료 · 기구 또는 공구 등을 올리거나 내리는 경우 달줄 또는 달포대 미사용으로 인한 낙하위험

O8.
철근 운반작업을 하는 동영상이다. 철근 운반 시 주의사항을 3가지 쓰시오.

➡️**해답** ① 2개 이상 철근을 운반할때는 양 끝을 묶어 운반한다.
② 내려놓을 때에는 튕기지 않도록 던지지 말고 천천히 내려놓는다.
③ 길이가 긴 철근의 경우 2인 1조로 어깨 메기로 운반한다.

건설안전산업기사 2013년 1회(A형)

01.
타워크레인을 보여주고 있다. 타워크레인의 방호장치를 2가지 쓰시오.

➡해답 ① 권과 방지장치　　② 과부하 방지장치　　③ 비상정지장치 및 제동장치

02.
가설통로를 보여주고 있다. 다음 (　　) 안에 알맞은 말을 쓰시오.

(1) 경사는 (①) 이하로 할 것
(2) 근로자가 안전하게 통행할 수 있도록 통로에 (②) 이상의 채광 또는 조명시설을 하여야 한다.
(3) 건설공사에 사용하는 높이 8m 이상인 비계다리에는 (③) 이내마다 계단참을 설치할 것

➡해답 ① 30°　　② 75Lux　　③ 7m

03.
지게차로 화물을 운반하는 장면을 보여주고 있다. 이때, 화물 적재 시 준수해야 할 사항 2가지를 쓰시오.

➡해답 ① 하중이 한쪽으로 치우치지 않도록 적재할 것
　　　② 운전자의 시야를 가리지 않도록 화물을 적재할 것
　　　③ 화물을 적재하는 경우에는 최대적재량을 초과 금지

04.
중량물을 양중하는 장면을 보여주고 있다. 와이어로프의 부적격 사용조건을 쓰시오.

➡해답 ① 이음매가 있는 것
　　　② 와이어로프의 한 꼬임에서 끊어진 소선의 수가 10% 이상(비자전로프의 경우에는 끊어진 소선의 수가 와이어로프 호칭지름의 6배 길이 이내에서 4개 이상이거나 호칭지름 30배 길이 이내에서 8개 이상인 것)인 것

③ 지름의 감소가 공칭지름의 7%를 초과하는 것
④ 꼬인 것
⑤ 심하게 변형 또는 부식된 것
⑥ 열과 전기충격에 의해 손상된 것

O5.
직접접촉에 의한 감전위험이 있을 경우 방호대책을 3가지 쓰시오.

→해답 ① 충전부가 노출되지 않도록 폐쇄형 외함이 있는 구조로 할 것
② 충전부에 충분한 절연효과가 있는 방호망 또는 절연덮개를 설치할 것
③ 충전부는 내구성이 있는 절연물로 완전히 덮어 감쌀 것

O6.
아파트 공사현장을 보여주고 있다. 낙하·비래재해를 방지하기 위한 조치를 3가지 쓰시오.

→해답 ① 낙하물 방지망 설치　　　　② 출입금지구역의 설정
③ 방호선반 설치　　　　　　　④ 작업자에게 안전모 착용 지시

O7.
굴착기계를 이용하여 구조물의 지하층 터파기 작업 중이다. 다음 기계의 명칭과 사용 용도를 쓰시오.

→해답 (1) 명칭 : 클램셸
(2) 용도
① 좁은 곳의 수직굴착
② 수중굴착
③ 우물통 기초 케이슨 내 굴착

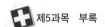

O8.
와이어로프 체결방법 중 올바른 방법의 번호를 쓰고 그 이유를 쓰시오.

➡해답 (1) 올바른 체결방법 : ①
　　　 (2) 이유 : 클립의 새들(Saddle)은 와이어로프의 힘이 걸리는 쪽에 위치해야 한다.

건설안전산업기사 2013년 1회(B형)

O1.
철골작업 장면을 보여주고 있다. 철골작업 시 기상상태에 따른 작업제한 조건 3가지를 쓰시오.

➡해답 ① 풍속이 초당 10m 이상인 경우
　　　 ② 강우량이 시간당 1mm 이상인 경우
　　　 ③ 강설량이 시간당 1cm 이상인 경우

O2.
다음 사진에 보이는 기계의 명칭과 역할을 쓰시오.

➡해답 (1) 명칭 : 모터그레이더
　　　 (2) 역할 : 땅 고르기, 정지작업, 도로정리

03.
아파트 건설현장 사진을 보여주고 있다. 그림과 같은 곳에서 작업 시 추락 방지조치를 3가지 쓰시오.

해답 ① 추락방지용 추락방호망 설치
② 안전대 부착설비 설치 및 안전대 착용
③ 작업발판의 설치

04.
백호에 한줄걸이를 사용하여 화물을 이동하던 중 밑에서 작업하던 근로자가 화물에 부딪히는 장면을 보여주고있다. 동영상을 참고하여 재해 방지대책을 3가지 쓰시오.

해답 ① 화물의 인양작업 시에는 이동식 크레인 등 양중기를 사용할 것
② 인양물을 인양로프에 체결 시 2줄 걸이로 할 것
③ 인양물 하부에 근로자의 접근을 통제할 것
④ 작업전 인양로프의 이상 여부를 확인할 것

05.
다음 동영상을 보고 흙막이 공법의 종류를 쓰고, 영상에서 보이는 공법과 관련 계측기의 종류와 역할을 쓰시오.

[동영상 설명]
흙막이에 H형으로 된 줄이 이어진 것을 보여준다. 흙막이에 연결되어 있던 선로에 노란색으로 되어 있는 사각형의 기계가 보인다.

해답 (1) 흙막이 공법의 종류 : 어스앵커(Earth Anchor) 공법
(2) 계측기의 종류 : 하중계(Load Cell)
(3) 계측기의 역할 : 축하중 측정으로 부재의 안정성 여부 판단

06.
터널 굴착작업 동영상을 보여주고 있다. 굴착작업 시 시공계획에 포함되어야 할 사항을 쓰시오.

해답 ① 굴착의 방법
② 터널지보공 및 복공의 시공방법과 용수의 처리방법
③ 환기 또는 조명시설을 하는 때에는 그 방법

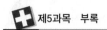

07.

리프트에 자재를 실어 올라가는 장면을 보여주고 있으며 작업자는 고개를 내밀어 리프트의 위치를 확인하고 있다. 동영상을 참고하여 위험요인을 찾으시오.

해답 ① 탑승대기 중 안전난간 및 문 밖으로 머리를 내밀어 리프트 위치를 확인하는 등으로 인한 협착위험
② 자재의 운반방법 불량에 의한 화물의 낙하위험
③ 리프트의 출입문이 열린 상태에서의 추락위험
④ 탑승자가 마스트 중심 쪽으로 탑승함으로 인한 추락위험

08.

다음 사진을 보고 보기를 따라 거푸집 작업 순서를 차례대로 나열하시오.

① 벽체	② 큰 보	③ 기둥	④ 작은 보	⑤ 슬래브

해답 ③ 기둥 → ① 벽체 → ② 큰 보 → ④ 작은 보 → ⑤ 슬래브

건설안전산업기사 2013년 2회(A형)

01.

동영상에서 보여주고 있는 아파트 건설공사의 외벽에 설치한 (1) 거푸집의 명칭과 (2) 콘크리트 타설 시 측압에 영향을 주는 인자 2가지를 쓰시오.

해답 (1) 거푸집 명칭 : 갱폼
(2) 콘크리트 타설시 측압에 영향을 주는 인자
① 콘크리트 타설속도
② 콘크리트 비중

③ 외기의 온도 및 습도 등
④ 콘크리트 슬럼프

02.
프리캐스트 콘크리트의 제작과정을 보여주고 있다. 다음 사진을 보고 (1) 제작과정을 순서대로 나열하고 (2) 4번 화면의 작업공정을 쓰시오.

➡️해답 (1) 제작순서
① 거푸집 제작   ② 선 부착품(인서트, 전기부품 등) 설치
③ 철근 배근 및 조립   ④ 콘크리트 타설
⑤ 양생   ⑥ 마감
⑦ 탈형   ⑧ 청소
(2) 작업공정 : 양생

03.
화면에서 보여주고 있는 교량 가설공법의 명칭을 쓰시오.

➡️해답 ILM 공법(압출공법)

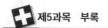

04.
화면에서 바지선 위에서 수중굴착을 하고 있는 굴착기계를 보여주고 있다. 화면에서 보여주고 있는 굴착기계의 명도를 쓰시오.

해답
- 명칭 : 클램셸(Clamshell)
- 용도 : 수중굴착, 우물통 굴착, 좁은 곳의 수직굴착

05.
작업자가 목재 가공용 둥근톱 기계를 사용하기 전 가설분전함의 누전차단기 작동상태 및 전선 체결상태를 점검한 후 둥근톱 기계로 합판을 절단하다 사고가 발생하였다. 동영상을 보고 재해의 발생원인 2가지를 쓰고, 전동 기계·기구를 사용하여 작업을 할 때 누전차단기를 반드시 설치해야 하는 장소를 1가지 쓰시오.

해답
(1) 재해발생 원인
 ① 분할날 반발예방장치 미설치
 ② 톱날접촉 예방장치 미설치
 ③ 작업 시 장갑 착용
(2) 누전차단기 설치장소
 ① 물 등 도전성이 높은 액체에 의한 습윤 장소
 ② 철판·철골 위 등 도전성이 높은 장소
 ③ 임시 배선의 전로가 설치되는 장소

06.
터널공사 작업 시작 전 자동경보장치에 대하여 당일 작업시작 전에 점검하고 이상 발견 즉시 보수해야 할 사항 3가지를 쓰시오.

해답 ① 계기의 이상 유무 ② 검지부의 이상 유무 ③ 경보장치의 작동상태

07.

철골공사 작업 시에 이용되는 작업발판을 만드는 비계로서 상하 이동을 할 수 없는 구조이다. 동영상을 참고하여 다음 각 물음에 답하시오.

(1) 비계명칭 : 달대비계
(2) 안전계수 : (①) 이상
(3) 철근 사용 직경 : (②) mm
(4) 매다는 철선 규격 : (③)

→해답 ① 8   ② 19   ③ #8

08.

교량 상부공 스틸박스 거더를 설치하는 장면을 보여주고 있다. 이러한 작업현장에서 근로자의 추락재해를 예방하기 위해 설치해야 하는 시설물 3가지를 쓰시오.

→해답 ① 안전대 부착설비   ② 작업발판
       ③ 작업발판 단부에 안전난간   ④ 추락방지용 추락방호망

건설안전산업기사 2013년 2회(B형)

01.

화면에서 보여주고 있는 토공기계의 명칭과 용도 2가지를 쓰시오.

→해답 (1) 명칭 : 로더
       (2) 용도 : 싣기작업, 운반작업

02.

콘크리트타설장비로 작업 시 인근 고압전로에 접촉 우려가 있는 장면을 보여주고 있다. 이러한 전기배전시설에 직접 접촉되어 감전재해가 발생할 우려가 있을 때 예방대책을 3가지만 쓰시오.

해답 ① 콘크리트타설장비의 붐을 충전전로에서 이격시킬 것
② 충전전로에 절연용 방호구를 설치할 것
③ 차량의 절연되지 않은 부분이 접근 한계거리 이내로 접근하지 않도록 할 것
④ 감시인을 배치할 것

03.

토공기계의 작업을 동영상으로 보여주고 있다. 이러한 토공기계(항타기) 작업 시 무너짐 방지 조치사항을 3가지 쓰시오.

해답 ① 연약한 지반에 설치하는 경우에는 아웃트리거·받침 등 지지구조물의 침하를 방지하기 위하여 버팀목이나 깔판 등을 사용할 것
② 시설 또는 가설물 등에 설치하는 경우에는 그 내력을 확인하고 내력이 부족하면 그 내력을 보강할 것
③ 아웃트리거·받침 등 지지구조물이 미끄러질 우려가 있는 경우에는 말뚝 또는 쐐기 등을 사용하여 해당 지지구조물을 고정시킬 것
④ 궤도 또는 차로 이동하는 항타기 또는 항발기에 대해서는 불시에 이동하는 것을 방지하기 위하여 레일 클램프(rail clamp) 및 쐐기 등으로 고정시킬 것
⑤ 상단 부분은 버팀대·버팀줄로 고정하여 안정시키고, 그 하단 부분은 견고한 버팀·말뚝 또는 철골 등으로 고정시킬 것

04.

동영상에서 보여주고 있는 터널굴착공법의 명칭과 이 공법의 적용이 어려운 지반을 2가지 쓰시오.

해답 (1) 공법의 명칭 : T.B.M 공법
(2) 적용이 어려운 지반
① 암질의 급격한 변화가 있는 구간

② 다량의 용수가 있는 곳

③ 연약지반

05.

건설현장에 추락 방지를 위해 설치하는 추락방지용 추락방호망을 보여주고 있다. 이러한 추락방호망의 최초 검사시기와 검사주기를 쓰시오.

해답 (1) 최초 검사시기 : 사용개시 후 1년 이내

(2) 검사주기 : 6개월마다 정기적으로

06.

동영상은 하수관을 한줄걸이로 인양작업을 하던 중 재해가 발생한 사례를 보여주고 있다. 이때 (1) 재해형태와 (2) 재해발생원인 2가지를 쓰시오.

해답 (1) 재해형태 : 낙하

(2) 발생원인

① 화물을 인양로프에 체결 시 1줄걸이로 하여 낙하의 위험이 있다.

② 작업 전 인양로프의 이상여부를 미확인하였다.

③ 인양 전 와이어로프의 체결상태를 확인하지 않았다.

④ 훅 해지장치를 부착하지 않았다.

07.

터널공사의 강아치 지보공 조립 시 준수해야 할 사항을 3가지 쓰시오.

해답 ① 조립간격은 조립도에 따를 것

② 주재가 아치 작용을 충분히 할 수 있도록 쐐기를 박는 등 필요한 조치를 할 것

③ 연결볼트 및 띠장 등을 사용하여 주재 상호 간을 튼튼하게 연결할 것

④ 터널 등의 출입구 부분에는 받침대를 설치할 것

⑤ 낙하물에 의하여 근로자에게 위험을 미칠 우려가 있는 때에는 널판 등을 설치할 것

08.
동영상은 작업자가 외부비계 위에서 작업발판 없이 거푸집작업을 하던 중 안전모를 불량하게 착용한 작업자가 떨어지는 재해사례를 보여주고 있다. 이때, 재해의 발생원인과 안전대책을 1가지 쓰시오.

해답 (1) 발생원인
　　① 비계 위 작업 시 작업발판 미설치
　　② 안전대 부착설비 및 안전대 미착용
　　③ 안전모 착용상태 불량
　　(2) 안전대책
　　① 비계 위 작업 시 작업발판 설치
　　② 안전대 부착설비 설치 및 안전대 착용 후 작업 실시
　　③ 안전모는 턱끈 체결 등 착용 철저

건설안전산업기사 2013년 4회(A형)

01.
T.B.M 공법을 보여주고 있다. 이 공법이 적용 곤란한 지반의 종류를 3가지 쓰시오.

해답 ① 팽창성 지반　　　　　　② 지하수위가 높은 모래 자갈층
　　③ 전석층　　　　　　　　④ 토사와 암반의 경계부
　　⑤ 유해가스 발생 가능 지역 등

02.
다음은 안전모의 턱끈을 채우지 않은 근로자가 리프트를 이용하지 않고 비계를 이용하여 이동하다 추락하는 장면을 보여주고 있다. 불안전한 상태 및 행동 2가지를 쓰시오.

해답 ① 근로자가 외부비계 위 작업장으로 이동할 수 있는 승강설비, 가설계단 미설치
　　② 비계 통로발판 단부에 안전난간 미설치
　　③ 외부비계 위 통로에 대리석 자재가 적치되어 안전통로 미확보
　　④ 개인보호구(안전모) 착용상태 불량

03.

근로자가 승강용 사다리가 설치되지 않은 이동식 비계를 오르다 추락하는 장면이다. 사고의 발생원인을 2가지 쓰시오.

[해답] ① 이동식 비계의 바퀴에는 뜻밖의 갑작스러운 이동 또는 전도를 방지하기 위해 브레이크·쐐기 등으로 바퀴를 고정시킨 다음 비계의 일부를 견고한 시설물에 고정하거나 아웃트리거(Outrigger)를 설치하는 등 필요한 조치를 할 것
② 승강용 사다리는 견고하게 설치할 것
③ 비계의 최상부에서 작업을 할 경우에는 안전난간을 설치할 것

04.

사진에서 보여지는 교량공법의 명칭과 2번 사진에 보여지는 구조물의 명칭 및 추진코(Nose)의 역할을 쓰시오.

[해답] (1) 공법명 : ILM(Incremental Launching Method) 공법, 압출공법
(2) 구조물의 명칭 : 세그먼트(Segment)
(3) 추진코의 역할 : 세그먼트를 압출하여 교축방향으로 밀어냄

05.

콘크리트 말뚝을 지면에 설치하는 동영상이다. 이와 같은 말뚝의 항타공법 종류를 3가지 쓰시오.

[해답] ① 타격공법 : 드롭해머, 스팀해머, 디젤해머, 유압해머
② 진동공법 : Vibro Hammer로 상하진동을 주어 타입, 강널말뚝에 적용
③ 선행굴착(Pre-boring) 공법 : Earth Auger로 천공 후 기성말뚝 삽입, 소음·진동 최소
④ 워터제트 공법 : 고압으로 물을 분사시켜 마찰력을 감소시키며 말뚝 매입

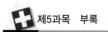

06.
기성 콘크리트 말뚝의 단점을 2가지 쓰시오.

→해답 ① 말뚝 이음부의 신뢰성이 크게 저하된다.
② 경질지반에서 타입이 어렵다.
③ 타입 시 말뚝 본체에 압축 또는 인장력이 작용하여 균열이 생기기 쉽다.
④ 중량물이므로 취급, 운반이 어렵다.

07.
교량 건설공사 중 스틸박스 거더를 설치하고 있는 동영상을 보여주고 있다. 이때 재해 예방대책을 4가지 쓰시오.

→해답 ① 작업(통로)발판 설치
② 안전대 부착설비 설치 및 안전대 착용
③ 추락방지용 추락방호망 설치
④ 작업발판 단부, 스틸박스 단부에 안전난간 설치

08.
거푸집 동바리의 잘못된 설치로 거푸집의 붕괴사고가 발생한 장면이다. 거푸집 동바리의 붕괴원인을 3가지 쓰시오.

→해답 ① 동바리의 이음을 맞댄이음 또는 장부이음으로 하고 같은 품질의 재료를 사용해야 하나 동바리와 이질재료를 혼합하여 사용함
② 파이프서포트를 이어서 사용할 때에는 4개 이상의 볼트 또는 전용철물을 사용하여 이어야 하나 이질재료에 못으로 고정하여 이음
③ 강재와 강재의 접속부 및 교차부는 볼트·클램프 등 전용철물을 사용하여 단단히 연결해야 하나 전용철물 미사용

09.
옹벽 구조물을 설치할 경우 안전성 확보를 위한 사전 검토 사항 3가지를 쓰시오.

→해답 ① 활동에 대한 안정 : $F_s = \dfrac{\text{활동에 저항하려는 힘}}{\text{활동하려는 힘}} \geq 1.5$

② 전도에 대한 안정 : $F_s = \dfrac{\text{저항모멘트}}{\text{전도모멘트}} \geq 2.0$

③ 기초지반의 지지력(침하)에 대한 안정 : $F_s = \dfrac{\text{지반의 극한지지력}}{\text{지반의 최대반력}} \geq 3.0$

건설안전산업기사 2013년 4회(B형)

01.
다음 사진에 해당하는 기계의 명칭과 용도를 쓰시오.

▶해답 (1) 명칭 : 아스팔트 피니셔
(2) 용도 : 아스팔트 플랜트에서 덤프트럭으로 운반된 아스콘 혼합재를 노면 위에 일정한 규격과 간격으로
갈아주는 장비

02.
충전부가 노출되어 있는 가설 분전반의 사진을 보여주고 있다. 이와 같이 직접접촉에 의한 감전위험이
있을 경우 방호대책을 3가지 쓰시오.

▶해답 ① 충전부가 노출되지 않도록 폐쇄형 외함이 있는 구조로 할 것
② 충전부에 충분한 절연효과가 있는 방호망 또는 절연덮개를 설치할 것
③ 충전부는 내구성이 있는 절연물로 완전히 덮어 감쌀 것
④ 발전소·변전소 및 개폐소 등 구획되어 있는 장소로서 관계 근로자가 아닌 사람의 출입이 금지되는
장소에 충전부를 설치하고, 위험표시 등의 방법으로 방호를 강화할 것
⑤ 전주 위 및 철탑 위 등 격리되어 있는 장소로서 관계 근로자가 아닌 사람이 접근할 우려가 없는 장소에
충전부를 설치할 것
⑥ 노출 충전부가 있는 맨홀 또는 지하실 등의 밀폐공간에서 작업하는 경우에는 노출 충전부와의 접촉으로
인한 전기위험을 방지하기 위하여 덮개, 울타리 또는 절연 칸막이 등을 설치할 것
⑦ 감전위험을 방지하기 위하여 개폐되는 문, 경첩이 있는 패널 등(분전반 또는 제어반 문)을 견고하게
고정할 것

03.
철골작업 장면을 보여주고 있다. 철골작업 시 기상상태에 따른 작업제한 조건 3가지를 쓰시오.

▶해답 ① 풍속이 초당 10m 이상인 경우
② 강우량이 시간당 1mm 이상인 경우
③ 강설량이 시간당 1cm 이상인 경우

04.
동영상은 백호로 하수관을 1줄 걸이로 인양하던 중 하수관이 떨어져 근로자와 충돌하는 동영상을 보여주고 있다. 다음에 해당하는 답을 적으시오.

(1) 재해발생 형태	(2) 기인물	(3) 재해 방지대책

해답 (1) 재해발생형태 : 끼임(협착)
   (2) 기인물 : 하수관
   (3) 재해 방지대책
    ① 화물의 인양작업 시에는 이동식 크레인 등 양중기를 사용할 것
    ② 인양물을 인양로프에 체결 시 2줄 걸이로 할 것
    ③ 인양물 하부에 근로자의 접근을 통제할 것
    ④ 작업 전 인양로프의 이상 여부를 확인할 것

05.
모래에서 굴착 작업 시 적정한 기울기와 토사등의 붕괴 또는 낙하 방지대책을 2가지 쓰시오.

해답 (1) 기울기 : 1 : 1.8
   (2) 방지대책
    ① 흙막이 지보공의 설치
    ② 방호망의 설치
    ③ 비가 올 경우를 대비하여 측구를 설치하거나 굴착사면에 비닐보강

06.
사진은 아파트 공사현장을 보여주고 있다. 추락 방지를 위해 설치해야 하는 것을 2가지 쓰시오.

해답 ① 추락 방지용 추락방호망   ② 안전대 부착설비 설치 및 안전대 착용
   ③ 작업발판의 설치   ④ 안전난간 설치

O7.
동영상에서 보여지는 교량가설 공법의 명칭을 쓰시오.

해답 PSM 공법(Precast Segmental Method)

O8.
프리캐스트 콘크리트(Precast Concrete) 공법의 장점을 3가지 쓰시오.

해답 ① 좋은 품질의 콘크리트 부재를 생산 가능
② 기계화 작업으로 공기단축
③ 기상과 관계없이 작업 가능

건설안전산업기사 2014년 1회(A형)

01.
동영상은 터널 내에서 공사를 하는 현장을 보여주고 있다. 터널공사 현장에서의 불안전한 행동 및 상태를 2가지를 쓰시오.

→해답 ① 조명시설 부족으로 인한 적정 조도 미확보로 건설기계와의 충돌위험
② 환기불량에 의한 근로자의 분진흡입
③ 분전반 및 전선 부근 지면 바닥이 습윤하여 감전위험

02.
사진은 철근조립방법을 보여주고 있다. 철근이음방법 3가지를 쓰시오.

→해답 ① 겹침 이음
② 용접 이음
③ 가스 압접

03.
동영상은 불도저 사진을 보여 준다. 이 건설기계의 용도 4가지를 쓰시오.

해답 ① 운반작업
② 적재작업
③ 지반정지
④ 굴착작업

04.
동영상은 포크레인을 이용한 도로작업으로 언덕 위에서 굴착한 흙을 트럭에 퍼 담고 있다. 풍화암 구배기준과 근로자 접근 시 위험방지대책 2가지를 쓰시오.

해답 (1) 풍화암 1 : 1.0
(2) ① 작업반경 내 근로자 출입금지
② 유도자 배치

05.
동영상은 굴착작업 현장을 보여주고 있다. (1) 모래 구배기준과 (2) 굴착작업 시 토사등의 붕괴 또는 낙하에 의하여 근로자에게 위험이 발생할 경우를 위한 대책 2가지를 쓰시오.

해답 (1) 모래 1 : 1.8
(2) 대책 : 1. 흙막이 지보공의 설치, 2. 방호망의 설치, 3. 근로자의 출입금지

06.
사진은 작업장에 설치된 계단을 보여주고 있다. 사진에서와 같이 작업장에 계단 및 계단참을 설치할 경우 준수하여야 하는 사항에 대하여 다음 ( ) 안에 알맞은 내용을 쓰시오.

(1) 계단을 설치할 때에는 그 폭을 (①)m 이상으로 하여야 한다. 다만, 급유용·보수용·비상용 계단 나선형 계단에 대하여는 그러하지 아니하다.
(2) 계단 및 계단참을 설치할 때에는 m^2 당 (②)kg 이상의 하중을 견딜 수 있는 강도를 구조로 설치하여야 하며, 안전율은 (③) 이상으로 하여야 한다.

해답 ① 1
② 500
③ 4

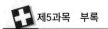

07.

동영상은 현재 개통 중인 서해대교의 공사현장이다. 다음 각 물음에 답하시오.

> (1) 이 교량의 형식을 쓰시오.
> (2) 교량 공정이 다음과 같을 때 시공 순서를 번호로 나열하시오.
> ① 케이블 설치　　　　　　② 주탑 시공
> ③ 상판 아스팔트 타설　　　④ 우물통 기초공사

해답 (1) 사장교

(2) ④ → ② → ① → ③

08.

동영상은 작업자가 달대비계 위에서 위층으로 파이프를 올리고 있는데 한곳에만 집중적으로 적재하고 있으며 작업자는 안전모는 착용하고 안전대는 착용하고 있지 않다. 위험요인 2가지를 쓰시오.

해답 ① 상부 적재물이 한쪽으로 치우쳐 적재되어 있어 낙하위험
② 근로자 안전대 미착용으로 추락위험

건설안전산업기사 2014년 1회(B형)

01.

동영상은 굴착기를 이용하여 굴착한 흙을 덤프트럭으로 운반하는 작업을 하고 있다. 동영상을 참고하여 작업 시 주의사항(대책)을 2가지만 쓰시오.

해답 ① 작업유도자 배치 및 작업반경 내 근로자 접근금지
② 덤프트럭 바퀴에 고임목(쐐기)을 설치하여 급작스런 유동 방지
③ 적재적량 상차 및 덮개를 덮고 운반
④ 지반을 고르게 하고 수평 유지
⑤ 살수 실시 및 운행속도 제한

02.
동영상은 T.B.M(Tunnel Boring Machine)을 이용한 공법을 보여주고 있다. 이 공법의 적용이 어려운 지반 2가지 쓰시오.

➡ 해답 ① 암질의 급격한 변화가 있는 구간
② 다량의 용수가 있는 곳
③ 연약지반

03.
화면과 같이 굴착공사 시 가시설 설치 후 정기적으로 점검사항 3가지를 쓰시오.

➡ 해답 ① 부재의 손상·변형·부식·변위 및 탈락의 유무와 상태
② 버팀대의 긴압의 정도
③ 부재의 접속부·부착부 및 교차부의 상태
④ 침하의 정도

04.
동영상은 원심력 철근콘크리트 말뚝을 시공하는 현장을 보여준다. 동영상에서와 같은 말뚝의 장점을 2가지만 쓰시오.

➡ 해답 ① 내구성이 크고 입수하기가 비교적 쉽다.
② 재질이 균일하여 신뢰성이 있다.
③ 길이 15미터 이하인 경우에 경제적이다.
④ 강도가 커서 지지말뚝으로 적합하다.

05.
사진은 철근을 인력으로 운반하는 모습이다. 이와 같은 운반작업을 할 때 주의하여야 할 사항을 3가지 쓰시오.

➡ 해답 ① 1인당 무게는 25kg 정도가 적절하며, 무리한 운반을 삼가해야 한다.
② 2인 이상이 1조가 되어 어깨메기로 하여 운반하는 등 안전을 도모하여야 한다.
③ 운반할 때에는 양끝을 묶어 운반하여야 한다.
④ 내려놓을 때에는 천천히 내려놓고 던지지 말아야 한다.
⑤ 공동작업을 할 때에는 신호에 따라 작업을 하여야 한다.

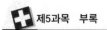

06.

백호로 하수관을 1줄 걸이로 인양하던 중 하수관이 떨어져 근로자와 충돌하는 동영상을 보여주고 있다. 이때 재해유형과 방지대책 2가지를 쓰시오.

해답 (1) 재해발생형태 : 끼임(협착)
    (2) 사고방지대책
        ① 화물의 인양작업 시에는 이동식 크레인 등 양중기를 사용할 것
        ② 인양물을 인양로프에 체결 시 2줄 걸이로 할 것
        ③ 인양물 하부에 근로자의 접근을 통제할 것
        ④ 작업 전 인양로프의 이상 여부를 확인할 것

07.

동영상은 파이프서포트를 사용한 거푸집동바리이다. 다음 ( ) 안에 알맞은 내용을 쓰시오.

(1) 파이프 서포트를 (①)개 이상 이어서 사용하지 않도록 할 것
(2) 파이프 서포트를 이어서 사용하는 경우에는 4개 이상의 볼트 또는 (②)을(를) 사용하여 이을 것
(3) 파이프 서포트는 높이가 (③)m 초과 시 수평연결재를 연결할 것
(4) 파이프 서포트는 높이 (④)m 이내마다 수평연결재를 (⑤)개 방향으로 만들고 수평연결재의 변위방지할 것

해답 ① 3   ② 전용철물   ③ 3.5
      ④ 2   ⑤ 2

08.

동영상은 고층 아파트 건설사진을 보여준다. 해당 사진에 적용된 추락방지대책과 낙하방지대책 각각 1가지씩 쓰시오.

해답 ① 추락 : 수직보호망 설치
    ② 낙하 : 방호선반 설치

건설안전산업기사 2014년 2회(A형)

01.
동영상은 지게차가 판넬을 들고 신호수의 신호에 따라 운반하다가 화물이 신호수에게 낙하하는 장면이다. 위험요인을 3가지 쓰시오.

➡️**해답** ① 하중이 한쪽으로 치우치지 않도록 적재할 것
② 운전자의 시야를 가리지 않도록 화물을 적재할 것
③ 화물을 적재할 경우에는 최대적재량을 초과하지 말 것

02.
동영상은 아파트 공사현장에서 발생한 재해사례이다. 추락방지를 위한 안전조치사항을 3가지 쓰시오.

➡️**해답** ① 낙하물방지망·수직보호망 또는 방호선반의 설치
② 출입금지구역의 설정
③ 보호구의 착용

03.
다음 건설기계의 명칭과 용도를 2가지 쓰시오.

➡️**해답** (1) 명칭 : 로더
(2) 용도 : 싣기작업, 운반작업

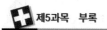

04.
백호로 외줄걸이를 한 채 인양물을 옮기다 인양물이 떨어져 작업자가 다치는 재해가 발생하였다. 사고유형과 사고방지대책을 쓰시오.

해답 (1) 사고유형 : 끼임(협착)
  (2) 사고방지대책
     ① 화물의 인양작업 시에는 이동식 크레인 등 양중기를 사용할 것
     ② 인양물을 인양로프에 체결 시 2줄 걸이로 할 것
     ③ 인양물 하부에 근로자의 접근을 통제할 것
     ④ 작업 전 인양로프의 이상 여부를 확인할 것

05.
항타기 · 항발기 작업 시 무너짐방지를 위한 준수사항 3가지를 쓰시오.

해답 ① 연약한 지반에 설치하는 경우에는 아웃트리거 · 받침 등 지지구조물의 침하를 방지하기 위하여 버팀목이나 깔판 등을 사용할 것
  ② 시설 또는 가설물 등에 설치하는 경우에는 그 내력을 확인하고 내력이 부족하면 그 내력을 보강할 것
  ③ 아웃트리거 · 받침 등 지지구조물이 미끄러질 우려가 있는 경우에는 말뚝 또는 쐐기 등을 사용하여 해당 지지구조물을 고정시킬 것
  ④ 궤도 또는 차로 이동하는 항타기 또는 항발기에 대해서는 불시에 이동하는 것을 방지하기 위하여 레일 클램프(rail clamp) 및 쐐기 등으로 고정시킬 것
  ⑤ 상단 부분은 버팀대 · 버팀줄로 고정하여 안정시키고, 그 하단 부분은 견고한 버팀 · 말뚝 또는 철골 등으로 고정시킬 것

06.
동영상은 높은 건물을 전도공법으로 부수는 장면을 보여주고 있다. 동영상에서와 같은 작업 시 해체계획에 포함되어야 할 사항을 2가지 쓰시오.

해답 ① 해체의 방법 및 해체순서 도면
  ② 가설설비, 방호설비, 환기설비 및 살수 · 방화설비 등의 방법
  ③ 사업장 내 연락방법
  ④ 해체물의 처분계획
  ⑤ 해체작업용 기계 · 기구 등의 작업계획서
  ⑥ 해체작업용 화약류 등의 사용계획서

07.
다음 건설기계의 명칭과 회전하는 이유를 쓰시오.

[해답] (1) 명칭 : 콘크리트 믹서 트럭
(2) 회전하는 이유 : 콘크리트 경화방지, 재료분리 방지

08.
건설현장에서 철골작업 시 작업을 중지하여야 하는 기후조건을 2가지 쓰시오.

[해답] ① 풍속이 초당 10m 이상인 경우
② 강우량 : 시간당 1mm 이상인 경우
③ 강설량 : 시간당 1cm 이상인 경우

건설안전산업기사 2014년 2회(B형)

01.
잔골재를 밀고 있는 작업을 보여준다. 건설기계의 명칭과 용도 3가지를 쓰시오.

➡해답 (1) 명칭 : 스크레이퍼(Scraper)
(2) 용도 : 흙을 절삭·운반하거나 펴 고르는 등의 작업을 하는 토공기계

02.
개구부와 같이 추락의 위험이 존재하는 장소의 안전대책 3가지를 쓰시오.

➡해답 ① 안전난간, 울타리, 수직형 추락방망 설치
② 충분한 강도를 가진 구조로 덮개를 튼튼하게 설치
③ 어두운 장소에서도 알아볼 수 있도록 개구부임을 표시
④ 추락방호망을 설치
⑤ 근로자 안전대 착용

03.
타워크레인의 해체작업 시 주의사항을 3가지 쓰시오.

➡해답 ① 작업순서를 정하고 그 순서에 따라 작업을 할 것
② 작업을 할 구역에 관계근로자가 아닌 사람의 출입을 금지하고 그 취지를 보기 쉬운 곳에 표시할 것
③ 비·눈 그 밖에 기상상태의 불안정으로 날씨가 몹시 나쁠 경우에는 그 작업을 중지시킬 것

04.
흙막이 지보공 설치작업 시 정기 점검사항을 3가지 쓰시오.

➡해답 ① 부재의 손상·변형·부식·변위 및 탈락의 유무와 상태
② 버팀대의 긴압의 정도
③ 부재의 접속부·부착부 및 교차부의 상태
④ 침하의 정도

05.
고소작업 시 추락재해를 방지하기 위한 안전대책 3가지를 쓰시오.(단, 추락방호망, 방호선반, 안전난간 등의 설치는 제외한다.)

➡해답 ① 작업발판 설치
② 안전대 부착설비의 설치
③ 근로자에게 안전대 착용

06.
동영상은 아파트 단지 내에서 하수관로 매설작업을 수행하고 있는 전경을 보여주고 있다. 하수관의 인양작업 시 준수해야 할 사항을 2가지 쓰시오.

➡해답 ① 신호수의 지시에 따라 작업 실시
② 내리는 화물이 흔들리지 않도록 천천히 작업할 것
③ 화물 인양 시 양끝 등 2군데 이상 묶어서 인양할 것

07.
동영상은 작업자가 임시전력을 만지다 감전사고가 발생하는 내용이다. 간접원인을 2가지 쓰시오.

➡해답 ① 유자격자가 아닌 사람이 작업 실시
② 해당 작업의 위험에 대한 교육 미실시
③ 정기적인 점검 미실시

08.
동영상은 근로자가 리프트를 탑승하지 못하고 외부 비계를 타고 올라가다 사고가 발생하는 내용이다. 재해형태와 대책 2가지를 쓰시오.

➡해답 ① 재해형태 : 추락
② 안전대책 : 안전대를 착용, 비계에 승강시설 설치

건설안전산업기사 2014년 4회(A형)

01.
동영상은 아파트 시공현장 외부벽체 거푸집을 보여준다. 거푸집 명칭과 콘크리트 측압에 영향을 주는 요인을 3가지 쓰시오.

➡해답 ① 명칭 : 갱폼

② 측압 요인 : 콘크리트 타설 속도, 타설 시 온도 및 습도, 진동기의 다짐 정도

02.

구조물 지하층 터파기 작업 동영상이다. 다음 굴착기계의 명칭과 용도를 쓰시오.

➡해답 (1) 명칭 : 클램셀(Clamshell)

(2) 용도

① 좁은 곳의 수직굴착

② 수중굴착

③ 우물통 기초 케이슨 내 굴착

03.

이와 같은 교량 가설공법의 명칭을 쓰시오.

➡해답 ILM(Incremental Launching Method) 공법, 압출공법

04.

화면은 Precast Concrete 제품의 제작과정을 보여주고 있다. 보기를 참고하여 올바른 제작순서를 나열하고 5번째 작업의 이름을 쓰시오

[보기]	
① 거푸집 제작	② 양생
③ 철근 배근 및 조립	④ 콘크리트 타설
⑤ 선 부착품(인서트, 전기부품 등) 설치	⑥ 청소
⑦ 마감	⑧ 탈형

➡해답 (1) 제작순서
　　　① 거푸집 제작
　　　② 선 부착품(인서트, 전기부품 등) 설치
　　　③ 철근 배근 및 조립
　　　④ 콘크리트 타설
　　　⑤ 양생
　　　⑥ 마감
　　　⑦ 탈형
　　　⑧ 청소
　　(2) 작업이름 : 수중양생

05.

콘크리트타설장비를 이용하여 콘크리트를 타설할 때 타설 호스에 의하여 빈번하게 발생할 수 있는 불안전한 요소 2가지를 쓰시오.

➡해답 (1) 콘크리트타설장비에 대한 위험요인 : 붐 조정 시 인접 전선에 의한 감전위험
　　(2) 근로자 위험요인 : 호스의 요동, 선회 시 근로자 접촉으로 인한 추락위험

06.

터널공사의 강아치 지보공 조립 시 준수해야 할 사항을 3가지 쓰시오.

➡해답 ① 조립간격은 조립도에 따를 것
　　② 주재가 아치작용을 충분히 할 수 있도록 쐐기를 박는 등 필요한 조치를 할 것
　　③ 연결볼트 및 띠장 등을 사용하여 주재 상호 간을 튼튼하게 연결할 것
　　④ 터널 등의 출입구 부분에는 받침대를 설치할 것
　　⑤ 낙하물에 의하여 근로자에게 위험이 미칠 우려가 있는 때에는 널판 등을 설치할 것

07.
동영상에 제시된 와이어로프의 클립 체결방법 중 가장 올바른 것과 이유를 쓰시오.

①   ②

➡해답 (1) 올바른 체결방법 : ①
　　　　(2) 이유 : 클립의 새들(Saddle)은 와이어로프의 힘이 걸리는 쪽에 위치해야 한다.

08.
동영상은 건물외벽 돌 마감공사 현장을 보여주고 있다. 현장에서 추락재해를 유발하는 불안전한 요인을 3가지 쓰시오.

➡해답 ① 작업발판 단부에 안전난간 미설치
　　　　② 근로자가 외부비계 위 작업장으로 이동할 수 있는 승강설비, 가설계단 미설치
　　　　③ 외부비계 위 통로에 대리석 자재가 적치되어 안전통로 미확보

건설안전산업기사 2014년 4회(B형)

01.
거푸집 조립순서를 쓰시오.

① 내측기둥	② 큰보	③ 외측기둥
④ 작은보	⑤ 슬래브	

➡해답 ① → ③ → ② → ④ → ⑤

02.

3가지 안전대 사진을 보고 각 물음에 답하시오.

1번   2번   3번

(1) 1번이 2번에 비해 장점인 이유를 한 가지 쓰시오.
(2) 3번 사진에 자동 잠금장치가 있는 것을 보여준다. 안전대 명칭을 쓰시오.

해답 ① 추락할 때 받는 충격을 신체 곳곳에 분산시켜 충격을 최소화한다.
② 추락방지대

03.

화면에 보이는 차량계 건설기계의 명칭과 작업을 2가지 쓰시오.

해답 (1) 명칭 : 로더
(2) 작업 : 싣기작업, 운반작업

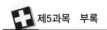

04.
이 공법의 명칭과 동영상에서 보여준 계측기의 종류와 용도를 쓰시오.

> [동영상 설명]
> 흙막이에 H형으로 된 줄이 이어진 것을 보여준다. 흙막이에 연결되어 있던 선로에 노란색으로 되어 있는 사각형의 기계가 보인다.

➡ 해답 ① 명칭 : 어스앵커공법
② 계측기 : 하중계
③ 계측기의 용도 : 버팀대 또는 어스앵커에 설치하여 축하중 변화의 상태를 측정

05.
아파트 건설현장에서 자재운반 영상을 보여주고 있다. 위와 같이 건설현장에서 화물의 낙하·비래 위험이 있는 경우 조치해야 할 사항 2가지를 쓰시오.

➡ 해답 ① 낙하물 방지망 설치
② 출입금지구역의 설정
③ 방호선반 설치
④ 작업자 안전모 착용

06.
동영상은 아파트 단지 내에서 하수관로 매설작업을 수행하고 있는 전경을 보여주고 있다. 동영상을 참고하여 재해발생형태 및 방지대책 2가지를 쓰시오.

➡ 해답 1) 재해발생형태 : 끼임(협착)
2) 사고방지대책
① 화물의 인양작업 시에는 이동식 크레인 등 양중기를 사용할 것
② 인양물을 인양로프에 체결 시 2줄 걸이로 할 것
③ 인양물 하부에 근로자의 접근을 통제할 것
④ 작업 전 인양로프의 이상 여부를 확인할 것

07.

구조물 위에 설치되어 있는 크레인에 설치되어야 하는 방호장치 2가지를 쓰시오.

해답
① 권과방지장치
② 과부하방지장치
③ 비상정지장치
④ 브레이크 장치
⑤ 훅해지장치

08.

와이어로프의 사용금지 기준을 3가지 쓰시오.

해답
① 이음매가 있는 것
② 와이어로프의 한 꼬임(스트랜드)에서 끊어진 소선[素線, 필러(Pillar)선은 제외]의 수가 10% 이상(비자전로프의 경우에는 끊어진 소선의 수가 와이어로프 호칭지름의 6배 길이 이내에서 4개 이상이거나 호칭지름 30배 길이 이내에서 8개 이상)인 것
③ 지름의 감소가 공칭지름의 7%를 초과하는 것
④ 꼬인 것
⑤ 심하게 변형 또는 부식된 것
⑥ 열과 전기충격에 의해 손상된 것

건설안전산업기사 2015년 1회(A형)

01.
항타기를 사용하는 경우 무너짐 방지에 대한 조치사항을 2가지 쓰시오.

➡**해답** ① 연약한 지반에 설치하는 경우에는 아웃트리거·받침 등 지지구조물의 침하를 방지하기 위하여 버팀목이나 깔판 등을 사용할 것
② 시설 또는 가설물 등에 설치하는 경우에는 그 내력을 확인하고 내력이 부족하면 그 내력을 보강할 것
③ 아웃트리거·받침 등 지지구조물이 미끄러질 우려가 있는 경우에는 말뚝 또는 쐐기 등을 사용하여 해당 지지구조물을 고정시킬 것
④ 궤도 또는 차로 이동하는 항타기 또는 항발기에 대해서는 불시에 이동하는 것을 방지하기 위하여 레일 클램프(rail clamp) 및 쐐기 등으로 고정시킬 것
⑤ 상단 부분은 버팀대·버팀줄로 고정하여 안정시키고, 그 하단 부분은 견고한 버팀·말뚝 또는 철골 등으로 고정시킬 것

02.
동영상은 낙하물 방지망을 보수하는 장면이다. 동영상을 보고 위험요인 2가지를 쓰시오.

➡**해답** ① 작업발판 미설치
② 안전대 미착용

03.
사진 속 기계의 명칭과 용도에 대하여 쓰시오.

해답 (1) 명칭 : 아스팔트 피니셔
(2) 용도 : 아스팔트 플랜트에서 덤프트럭으로 운반된 아스콘 혼합재를 노면 위에 일정한 규격과 간격으로 깔아주는 장비

04.
사진에서와 같은 건설현장에서 철골작업 시 작업을 중지하여야 하는 기후조건 3가지를 쓰시오.

해답 ① 풍속이 초당 10m 이상인 경우
② 강우량이 시간당 1mm 이상인 경우
③ 강설량이 시간당 1cm 이상인 경우

05.
동영상에서 말비계를 보여 주고 있다. 말비계 사용 시 작업발판의 설치기준을 3가지 쓰시오.

해답 ① 지주부재의 하단에는 미끄럼 방지장치를 하고, 양측 끝부분에 올라서서 작업하지 아니하도록 할 것
② 지주부재와 수평면의 기울기를 75° 이하로 하고, 지주부재와 지주부재 사이를 고정시키는 보조부재를 설치할 것
③ 말비계의 높이가 2m를 초과할 경우에는 작업발판의 폭을 40cm 이상으로 할 것

06.
동영상은 원심력 철근콘크리트 말뚝을 시공하는 현장을 보여 주고 있다. 말뚝의 항타공법 종류 3가지와 콘크리트 말뚝의 단점 2가지를 쓰시오.

해답 ① 항타공법
  ㉠ 타격관입공법
  ㉡ 진동공법
  ㉢ 압입공법
  ㉣ 프리보링 공법
② 단점
  ㉠ 말뚝 시공 시 항타로 인해 말뚝 본체에 균열이 생기기 쉽다.
  ㉡ 말뚝 이음에 대한 신뢰성이 낮다.

O7.

동영상은 터널 굴착공법을 보여주고 있다. 적용이 곤란한 지반을 3가지 쓰시오.

➡️해답 ① 팽창성 지반
② 지하수위가 높은 모래자갈층
③ 전석층
④ 토사와 암반의 경계부
⑤ 유해가스 발생 가능 지역 등

건설안전산업기사 2015년 4회(A형)

O1.

동영상은 터널 굴착공법을 보여 주고 있다. 착공법의 명칭과 해당 공법의 적용이 곤란한 지반을 2가지만 쓰시오.

➡️해답 (1) 공법의 종류 : T.B.M 공법(Tunnel Boring Machine Method)
(2) 적용이 어려운 지반
① 암질의 급격한 변화가 있는 구간
② 다량의 용수가 있는 곳
③ 연약지반

O2.

사진은 작업장에 설치된 계단을 보여주고 있다. 사진에서와 같이 작업장에 계단 및 계단참을 설치할 경우 준수하여야 하는 사항에 대하여 다음 ( ) 안에 알맞은 내용을 쓰시오.

> 가) 계단을 설치할 때에는 그 폭을 (①)m 이상으로 하여야 한다. 다만, 급유용·보수용·비상용 계단 및 나선형 계단에 대하여는 그러하지 아니하다.
> 나) 계단 및 계단참을 설치할 때에는 매 m² 당 (②)kg 이상의 하중을 견딜 수 있는 강도를 가진 구조로 설치하여야 하며, 안전율은 (③) 이상으로 하여야 한다.

해답 ① 1 ② 500 ③ 4

O3.

동영상은 항타기 작업을 보여 주고 있다. 무너짐 방지대책 3가지를 쓰시오.

해답 ① 연약한 지반에 설치하는 경우에는 아웃트리거·받침 등 지지구조물의 침하를 방지하기 위하여 버팀목 이나 깔판 등을 사용할 것
② 시설 또는 가설물 등에 설치하는 경우에는 그 내력을 확인하고 내력이 부족하면 그 내력을 보강할 것
③ 아웃트리거·받침 등 지지구조물이 미끄러질 우려가 있는 경우에는 말뚝 또는 쐐기 등을 사용하여 해당 지지구조물을 고정시킬 것
④ 궤도 또는 차로 이동하는 항타기 또는 항발기에 대해서는 불시에 이동하는 것을 방지하기 위하여 레일 클램프(rail clamp) 및 쐐기 등으로 고정시킬 것
⑤ 상단 부분은 버팀대·버팀줄로 고정하여 안정시키고, 그 하단 부분은 견고한 버팀·말뚝 또는 철골 등으로 고정시킬 것

O4.

동영상은 콘크리트 믹서트럭 장면을 보여 주고 있다. 다음 ( ) 안에 알맞은 답을 쓰시오.

> 시멘트 + 물 + (,   )

해답 자갈, 모래

05.

동영상은 지게차가 판넬을 들고 신호수의 신호에 따라 운반하다가 화물이 신호수에게 낙하하는 장면이다. 이에 따른 위험원인을 2가지 쓰시오.

해답 ① 하중이 한쪽으로 치우치게 적재하였다.
② 구내운반차 또는 화물자동차의 경우 화물의 붕괴 또는 낙하에 의한 위험을 방지하기 위하여 화물에 로프를 거는 등 필요한 조치를 하지 않았다.
③ 화물을 운전자의 시야를 가리도록 적재하였다.

06.

동영상은 근로자가 리프트에 탑승하지 못하고 외부 비계를 타고 올라가다 사고가 발생한 장면이다. 재해 형태와 대책 2가지를 쓰시오.(단, 안전대 미착용)

해답 ① 재해 형태 : 추락
② 안전 대책
  ㉠ 안전대를 착용한다.
  ㉡ 비계상에 사다리 및 비계다리 등 승강시설을 설치한다.

07.

동영상은 해체작업을 보여 주고 있다. 작업 시 해체계획에 포함되어야 할 사항 3가지를 쓰시오.

해답 ① 해체방법 및 해체순서 도면
② 가설설비, 방호설비, 환기설비 및 살수 · 방화설비 등의 방법
③ 사업장 내 연락방법
④ 해체물의 처분계획
⑤ 해체작업용 기계 · 기구 등의 작업계획서
⑥ 해체작업용 화약류 등의 사용계획서

08.

건물 발코니 쪽을 말비계를 사용하여 벽체 미장 작업을 하고 있다. 작업 중 미비한 안전 시설물 2가지를 쓰시오.

해답 ① 안전대 부착설비
② 안전난간
③ 추락방호망

건설안전산업기사 2015년 4회(C형)

O1.
동영상은 상수도관을 매설하기 위하여 노천굴착작업을 하는 모습을 보여 주고 있다. 이와 같은 굴착작업 시 각 지반에 따라 굴착면의 기울기 기준을 다르게 하는데 다음 표의 빈칸에 각 지반의 종류에 따른 기울기 기준을 쓰시오.

지반의 종류	굴착면의 기울기
(①)	1 : 1.8
(②)	1 : 1.0
(③)	1 : 0.5
(④)	1 : 1.2

➡해답 ① 모래, ② 연암 및 풍화암, ③ 경암, ④ 그 밖의 흙

O2.
동영상은 잔골재를 밀고 있는 작업을 보여 주고 있다. 건설기계의 명칭과 용도 3가지를 쓰시오.

➡해답 (1) 명칭 : 모터그레이더(Motor Grader)
　　　(2) 용도 : 땅 고르기, 정지작업, 도로 정리

03.

동영상은 철조망 안쪽의 변압기 설치장소를 보여 주고 있다. 충전전로 감전 방지대책을 3가지 쓰시오.

→해답 ① 충전부가 노출되지 않도록 폐쇄형 외함이 있는 구조로 할 것
② 충전부에 충분한 절연효과가 있는 방호망 또는 절연덮개를 설치할 것
③ 충전부는 내구성이 있는 절연물로 완전히 덮어 감쌀 것
④ 발전소·변전소 및 개폐소 등 구획되어 있는 장소로서 관계 근로자가 아닌 사람의 출입이 금지되는 장소에 충전부를 설치하고, 위험표시 등의 방법으로 방호를 강화할 것
⑤ 전주 위 및 철탑 위 등 격리되어 있는 장소로서 관계 근로자가 아닌 사람이 접근할 우려가 없는 장소에 충전부를 설치할 것
⑥ 노출 충전부가 있는 맨홀 또는 지하실 등의 밀폐공간에서 작업하는 경우에는 노출 충전부와의 접촉으로 인한 전기위험을 방지하기 위하여 덮개, 울타리 또는 절연 칸막이 등을 설치할 것
⑦ 감전위험을 방지하기 위하여 개폐되는 문, 경첩이 있는 패널 등(분전반 또는 제어반 문)을 견고하게 고정할 것

04.

동영상에서와 같은 위험요인에 대한 대책 2가지를 쓰시오.

[동영상 설명]
비계에서 작업을 하고 있던 근로자가 파이프를 놓쳐 밑에서 작업하고 있던 근로자에게 떨어지는 영상으로 밑의 작업자는 주머니에 손을 넣고 돌아다닌다.

→해답 ① 근로자가 관리감독자의 지휘에 따라 작업하도록 할 것
② 작업반경 내 출입금지구역을 설정하여 근로자의 출입을 금지한다.
③ 작업근로자에게 안전모 등 개인보호구를 착용시킨다.

05.

동영상은 공사현장 개구부의 모습이다. 개구부와 같이 추락의 위험이 존재하는 장소에 설치해야 할 안전시설물 3가지를 쓰시오.

[동영상 설명]
작업자가 콘크리트 바닥을 청소하면서 옆으로 이동하다 개구부로 추락하는 장면이다.

→해답 ① 안전난간, 울타리, 수직형 추락방망 설치
② 충분한 강도를 가진 구조의 덮개를 튼튼하게 설치
③ 어두운 장소에서도 알아볼 수 있도록 개구부임을 표시
④ 추락방호망 설치
⑤ 근로자에게 안전대 착용 지시

O6.
동영상은 터널 내에서 공사를 하는 현장을 보여 주고 있다. 영상 속 터널공사 현장에서의 불안전한 행동 및 상태를 2가지 쓰시오.

해답 ① 조명 불량으로 작업 중 충돌
② 환기 불량에 의해 근로자 진폐 등 작업병 발생
③ 지하수 처리 미흡에 의한 바닥 지반 습윤으로 전도 및 감전
④ 개인보호구 지급 및 착용 불량으로 인한 분진 흡입

O7.
동영상은 아파트 공사현장에서 발생한 재해사례이다. 추락 방지를 위한 안전대책 3가지를 쓰시오.

해답 ① 낙하물 방지망 설치
② 출입금지구역의 설정
③ 방호선반 설치
④ 작업자 안전모 착용

O8.
타워크레인 설치 시 구조적 안전으로 해야 되는 사항을 3가지 쓰시오.

해답 ① 프레임은 마스트로부터 들어오는 힘을 건물의 고정지지점으로 원활하게 전달하는 구조일 것
② 간격지지대는 핀 이탈 방지를 위한 분할핀을 체결할 수 있는 구조일 것
③ 벽체 고정 브래킷은 건축 중인 시설물에 지지하는 경우 구조적 안정성에 영향이 없도록 할 것

작업형 기출문제 2016

■ Industrial Engineer Construction Safety

건설안전산업기사 2016년 1회(A형)

01.

동영상은 불도저를 보여주고 있다. 불도저의 용도를 4가지 쓰시오.

해답 지반 정지, 굴착작업, 적재작업, 운반작업

02.

동영상에서 프리캐스트 콘크리트의 작업과정을 보여주고 있다. 아래 보기를 보고 제작순서와 5번째 작업순서의 이름을 쓰시오.

① 탈형
② 거푸집 제작(박리제 도포)
③ 철근 배근 및 조립
④ 수중양생
⑤ 콘크리트 타설
⑥ 선 부착품 설치(인서트, 전기부품 등)-철근 거치

해답
- 순서 : ② → ⑥ → ③ → ⑤ → ④ → ①
- 작업이름 : 수중양생

03.

동영상은 교량가설 공법을 보여주고 있다. 1번 사진은 현장의 전경, 2번은 추진코, 3번은 PC 슬래브 제작장, 4번 사진은 반력대, 5번 사진은 추진잭, 6번 사진은 슬래프 탈락방지시설 등을 보여주고 있다. 이와 같은 공법의 명칭을 쓰시오.

해답 ILM 공법

O4.
동영상은 안전대 사진을 보여주고 있다. 다음 각 물음에 답하시오.

1번   2번   3번

① 1번이 2번에 비해 장점인 이유를 한 가지 쓰시오.
② 3번 사진에 자동잠금장치가 있는 것을 보여준다. 안전대 명칭을 쓰시오.

> **해답** ① 추락할 때 받는 충격 하중을 신체 곳곳에 분산시켜 충격을 최소화하는 장점이 있다.
> ② 추락방지대

O5.
동영상은 이동식 비계에 근로자가 승강 중인 화면을 보여주고 있다. 이동식 비계를 조립하여 작업을 할 때 준수하여야 할 사항을 3가지 쓰시오.

> **해답** ① 이동식 비계의 바퀴에는 뜻밖의 갑작스러운 이동 또는 전도를 방지하기 위하여 브레이크·쐐기 등으로 바퀴를 고정시킨 다음 비계의 일부를 견고한 시설물에 아웃트리거를 설치하는 등 필요한 조치를 할 것
> ② 승강용 사다리는 견고하게 설치할 것
> ③ 비계의 최상부에서 작업을 하는 경우에는 안전난간을 설치할 것

O6.
동영상은 하수관거 공사현장에서 흄관을 1줄 걸이로 인양하는 작업을 보여주고 있다. 작업현장의 안전조치사항을 2가지 쓰시오.

> **해답** ① 화물 인양 시 양끝 등 2군데 이상을 묶어서 인양한다.
> ② 신호수를 배치하여 작업하고, 주변에 근로자의 출입을 금지시킨다.

07.

동영상은 아파트 단지 내에서 하수관로 매설작업을 수행하고 있는 전경을 보여주고 있다. 동영상을 참고하여 ① 재해형태, ② 기인물, ③ 방지조치 사항을 쓰시오.

➡해답 ① 협착

② 흄관

③ 신호수를 배치하고 긴 자재 인양 시 2줄 걸이를 하여 작업한다.

08.

고소작업 시 추락재해를 방지하기 위한 안전조치사항 5가지를 쓰시오.

➡해답 ① 작업발판 설치

② 근로자에게 안전대 착용

③ 울타리 설치

④ 수직형 추락방망 설치

⑤ 승강설비 설치

건설안전산업기사 2016년 1회(B형)

01.

화면은 불도저를 통해 노면을 깎는 작업을 보여주고 있다. 이 건설기계의 용도를 2가지 쓰시오.

➡해답 지반정지, 굴착작업, 적재작업, 운반작업

02.

사진은 흙막이 지보공 설치 작업을 보여주고 있다. 흙막이 지보공의 정기점검 사항을 2가지 쓰시오.

➡해답 ① 부재의 손상·변형·부식·변위·및 탈락의 유무와 상태

② 버팀대의 긴압 정도

③ 부재의 접속부·부착부 및 교차부의 상태

④ 침하의 정도

03.
아파트 공사현장을 보여주고 있다. 낙하 및 비래에 의한 재해를 방지하기 위한 방지대책을 3가지 쓰시오.

해답 ① 낙하물 방지망 설치　　　② 수직보호망 설치
　　　③ 방호선반 설치　　　　　④ 출입금지 구역 설정

04.
동영상은 타워크레인 작업을 보여주고 있다. 방호장치 2가지를 쓰시오.

해답 과부하방지장치, 권과방지장치, 비상정지장치 및 제동장치

05.
아파트 시공현장 외부벽체 거푸집을 보여주고 있다. ① 거푸집 명칭, ② 콘크리트 측압에 영향을 주는 요인 2가지를 쓰시오.

해답 ① 명칭 : 갱폼
　　　② 측압 요인 : 콘크리트 비중, 콘크리트 타설속도, 타설 시 온도 및 습도, 컨시턴시

06.
터널공사 중 강아치 지보공의 조립 시 준수사항을 3가지 쓰시오.

해답 ① 조립간격은 조립도에 따를 것
　　　② 주재가 아치작용을 충분히 할 수 있도록 쐐기를 박는 등 필요한 조치를 할 것
　　　③ 연결볼트 및 띠장 등을 사용하여 주재 상호 간을 튼튼하게 연결할 것

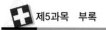

07.

동영상은 낙하물 방지망을 보수하는 장면이다. ① 재해 발생형태와 ② 조치사항 2가지를 쓰시오.

> [동영상 설명]
> 작업자가 안전대를 착용하지 않은 상태에서 낙하물 방지망을 보수하던 중 발을 디딘 지지대가 부러지면서 추락하는 장면을 보여준다.

해답 ① 추락

② 작업발판 설치, 추락방호망 설치 및 안전대 착용

08.

동영상은 흙막이를 보여주면서 H형으로 된 줄이 이어진 것을 보여주고, 다음 화면은 흙막이에 연결되어 있던 선로에 노란색으로 되어 있는 사각형의 기계를 보여준다. 이 공법의 명칭과 동영상에서 보여준 계측기의 종류와 용도를 쓰시오.

해답 ① 명칭 : 어스앵커 공법

② 계측기 : 하중계

③ 용도 : 버팀대 또는 어스앵커에 설치한 후 축하중 변화상태를 측정하여 부재의 안정상태 파악 및 원인 규명에 이용

건설안전산업기사 2016년 2회(A형)

01.

항타기·항발기 작업을 보여주고 있다. 무너짐 방지 조치사항을 3가지 쓰시오.

해답 ① 연약한 지반에 설치하는 경우에는 아웃트리거·받침 등 지지구조물의 침하를 방지하기 위하여 버팀목이나 깔판 등을 사용할 것

② 시설 또는 가설물 등에 설치하는 경우에는 그 내력을 확인하고 내력이 부족하면 그 내력을 보강할 것

③ 아웃트리거·받침 등 지지구조물이 미끄러질 우려가 있는 경우에는 말뚝 또는 쐐기 등을 사용하여 해당 지지구조물을 고정시킬 것

④ 궤도 또는 차로 이동하는 항타기 또는 항발기에 대해서는 불시에 이동하는 것을 방지하기 위하여 레일 클램프(rail clamp) 및 쐐기 등으로 고정시킬 것

⑤ 상단 부분은 버팀대·버팀줄로 고정하여 안정시키고, 그 하단 부분은 견고한 버팀·말뚝 또는 철골 등으로 고정시킬 것

O2.
동영상은 클램셸의 굴착장면을 보여주고 있다. 기계의 용도를 2가지 쓰시오.

➡해답 ① 구조물의 기초
② 수중굴착
③ 우물통 및 내부굴착 등 좁은 장소의 굴착

O3.
동영상은 둥근톱을 이용하여 작업을 하던 중 발생한 재해 사례이다. 재해의 발생원인과 누전차단기를
설치하여야 하는 장소 1곳을 쓰시오.

➡해답 ① 원인
㉠ 분할날 등 반발예방장치가 설치되어 있지 않았다.
㉡ 톱날접촉예방장치가 설치되어 있지 않고, 장갑을 착용한 상태로 작업하였다.
② 설치 장소
㉠ 물 등의 도전성이 높은 액체가 있는 장소
㉡ 철판, 철골 위 등 도전성이 높은 장소
㉢ 임시 배선의 전로가 설치되는 장소

O4.
사진은 흙막이 지보공 설치 작업을 보여주고 있다. 흙막이 지보공의 정기점검사항 3가지를 쓰시오.

➡해답 ① 부재의 손상·변형·부식·변위 및 탈락의 유무와 상태
② 버팀대의 긴압 정도
③ 부재의 접속부·부착부 및 교차부의 상태
④ 침하의 정도

O5.
동영상은 굴착기계로 터널 굴착을 하고 작업한 흙을 버리는 장면을 보여주고 있다. 터널 굴착공법에서
적용이 곤란한 지반을 3가지 쓰시오.

➡해답 ① 지하수위가 높은 모래·자갈층 지반
② 전석층 또는 토사와 암반의 경계부
③ 유해가스의 발생 가능 지역

06.
동영상에 제시된 와이어로프의 클립 체결 방법 중 가장 올바른 것과 그 이유를 쓰시오.

①   ②

➡해답 ①번, 클립의 새들은 와이어로프의 힘이 걸리는 쪽에 있어야 한다.

07.
동영상은 철조망 안쪽의 변압기 설치장소 충전부에 접촉하여 감전사고가 발생한 장면이다. 간접접촉 예방대책 3가지를 쓰시오.

➡해답 ① 충전부가 노출되지 않도록 폐쇄형 외함이 있는 구조로 할 것
② 충전부에 충분한 절연효과가 있는 방호망이나 절연덮개를 설치할 것
③ 충전부는 내구성이 있는 절연물로 완전히 덮어 감쌀 것

08.
사진의 기계의 명칭과 용도에 대하여 쓰시오.

➡해답 • 명칭 : 아스팔트 피니셔
• 용도 : 아스팔트 플랜트에서 제조된 혼합재를 덤프트럭으로부터 받아, 자동으로 주행하면서 노면 위에 정해진 너비와 두께로 깔고 다져 마무리하는 기계

건설안전산업기사 2016년 2회(B형)

01.
동영상은 서해대교 공사 현장이다. 다음 각 물음에 답하시오.

> (가) 이 교량의 형식을 쓰시오.
> (나) 교량 공정이 다음과 같을 때 시공 순서를 번호로 나열하시오.
>   ① 케이블 설치 　　　　　　　　② 주탑 시공
>   ③ 상판 아스팔트 타설 　　　　　④ 우물통 기초공사

➡해답 (가) 사장교 　　　　　(나) ④ → ② → ① → ③

02.
밀폐공간 작업에서 산소결핍 기준 및 결핍 시 대책을 3가지 쓰시오.

➡해답 ① 산소결핍 기준 : 공기 중의 산소 농도가 18% 미만인 경우
② 대책
　㉠ 산소 결핍 우려가 있는 경우에는 산소의 농도를 측정하는 사람을 지명하여 측정하도록 할 것
　㉡ 근로자가 안전하게 오르내리기 위한 설비를 설치할 것
　㉢ 굴착 깊이가 20m를 초과하는 경우에는 해당 작업장소와 외부와의 연락을 위한 통신설비 등을 설치할 것

03.
타워크레인 해체작업 시 준수사항 2가지를 쓰시오.

➡해답 ① 작업순서를 정하여 넣고 실시한다.
② 작업을 할 구역은 관계 근로자가 아닌 사람의 출입을 금지한다.
③ 날씨가 몹시 나쁠 경우 그 작업을 중지시킨다.

04.
동영상은 백호를 이용한 도로작업으로 언덕 위에서 굴착한 흙을 트럭에 담고 있는 장면이다. 풍화암 구배기준과 근로자가 접근 시 위험 방지대책을 2가지 쓰시오.

➡해답 ① 풍화암 : 1.0 　　　② 작업반경 내 근로자 출입금지, 신호수 배치

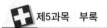

건설안전산업기사 2016년 4회(A형)

O1.
철골작업 시 작업을 중지해야 하는 기후조건을 3가지 쓰시오.

➡️해답 ① 풍속 : 초당 10m 이상인 경우
② 강우량 : 시간당 1mm 이상인 경우
③ 강설량 : 시간당 1cm 이상인 경우

O2.
사진은 아파트 공사현장의 경사로 모습이다. 경사로 설치 시 필요한 사항에 대한 다음 내용의 빈칸을 채우시오.

(가) 비탈면의 최대 경사각 (①)도 이내
(나) 계단참의 설치간격 (②)m 이내
(다) 근로자가 안전하게 통행할 수 있도록 통로에 (③)lux 이상의 채광 또는 조명시설

➡️해답 ① 30   ② 7   ③ 75

O3.
동영상은 원심력 철근콘크리트 말뚝을 시공하는 현장을 보여준다. 말뚝의 항타공법 종류 3가지, 콘크리트 말뚝의 단점 2가지를 쓰시오.

➡️해답 ① 말뚝의 항타공법
ⓐ 타격관입공법
ⓑ 진동공법
ⓒ 압밀공법
ⓓ 프리보링공법
② 콘크리트 말뚝의 단점
ⓐ 말뚝 시공 시 항타로 인해 말뚝 본체에 균열이 생기기 쉽다.
ⓑ 말뚝 이음에 대한 신뢰성이 낮다.

O4.
사진은 일반적인 콘크리트 타설작업 모습이다. 콘크리트 타설 시 안전기준 3가지를 쓰시오.

➡️해답 1. 작업을 시작하기 전에 콘크리트타설장비를 점검하고 이상을 발견하였으면 즉시 보수할 것

2. 건축물의 난간 등에서 작업하는 근로자가 호스의 요동·선회로 인하여 추락하는 위험을 방지하기 위하여 안전난간 설치 등 필요한 조치를 할 것

3. 콘크리트타설장비의 붐을 조정하는 경우에는 주변의 전선 등에 의한 위험을 예방하기 위한 적절한 조치를 할 것

4. 작업 중에 지반의 침하나 아웃트리거 등 콘크리트타설장비 지지구조물의 손상 등에 의하여 콘크리트타설장비가 넘어질 우려가 있는 경우에는 이를 방지하기 위한 적절한 조치를 할 것

05.
동영상은 작업자가 캔음료를 먹고 있고, 리프트를 타고 다른 작업자가 올라가자 바닥에 캔을 버리며 외부비계를 타고 올라가다 사고가 발생하였다. 시설 측면에서 위험요인을 3가지 쓰시오.

➡해답 ① 비계상에 사다리 및 비계다리 등 승강시설이 설치되지 않고 무리하게 올라가던 중 추락의 위험이 있다.
② 추락방호망이 설치되어 있지 않아 추락 위험이 있다.
③ 추락방지대가 설치되어 있지 않아 추락 위험이 있다.

06.
동영상은 아파트 단지 내에서 하수관로 매설작업을 수행하고 있는 전경을 보여주고 있다. 동영상을 참고하여 재해발생형태와 방지조치 사항을 쓰시오.

➡해답 ① 재해발생형태 : 끼임(협착)
② 조치 : 신호수를 배치하고 긴 자재 인양 시 2줄 걸이를 하여 작업한다.

07.
사진은 철근 조립방법을 보여주고 있다. 철근 이음방법 3가지를 쓰시오.

➡해답 겹침이음, 기계적 이음, 용접이음

08.
권상용 와이어로프의 사용금지 기준을 2가지 쓰시오.

➡해답 ① 이음매가 있는 것
② 꼬인 것
③ 심하게 변형 무식된 것
④ 와이어로프의 한 꼬임에서 끊어진 소손의 수가 10% 이상인 것
⑤ 지름의 감소가 공칭지름의 7%를 초과하는 것

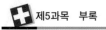

건설안전산업기사 2016년 4회(B형)

O1.
동영상은 굴착작업 현장을 보여주고 있다. 모래 기울기구배 기준과 굴착작업 시 토사등의 붕괴 또는 낙하에 의한 근로자 위험을 방지하기 위한 대책을 2가지 쓰시오.

➡해답 ① 기울기 : 1:1.8
② 대책 : 흙막이 지보공 설치, 방호망 설치, 근로자의 출입금지

O2.
동영상은 원심력 철근콘크리트 말뚝을 시공하는 현장을 보여주고 있다. 말뚝의 항타공법 종류 3가지, 콘크리트 말뚝의 장점 2가지, 단점 2가지를 쓰시오.

➡해답 ① 말뚝의 항태공법 : 타격관입공법, 압입공법, 진동공법, 프리보링공법
② 콘크리트 말뚝의 장단점
　　㉠ 장점
　　　　• 내구성이 크고, 입수하기가 비교적 쉽다.
　　　　• 재질이 균일하여 신뢰성이 있다.
　　㉡ 단점
　　　　• 말뚝 시공 시 항타로 인해 말뚝 본체에 균열이 생기기 쉽다.
　　　　• 말뚝 이음에 대한 신뢰성이 낮다.

O3.
동영상은 크레인 인양작업 중 인양 하물을 1줄 걸이로 인양하고 주변에 작업자가 안전모를 미착용하고 있으며, 신호수가 미배치되어 있는 현장을 보여주고 있다. 불안전한 요소 3가지를 쓰시오.

➡해답 ① 긴 자재 인양 시 2줄 걸기를 하지 않음
② 안전모 미착용
③ 신호수 미배치

04.
동영상에서 프리캐스트 콘크리트 작업과정을 보여주고 있다. 보기를 참고하여 제작순서와 4번째 작업의 이름, 장점 3가지를 쓰시오.

① 탈형
② 거푸집제작(박리제도포)
③ 철근 배근 및 조립
④ 수중양생
⑤ 콘크리트 타설
⑥ 선 부착품 설치(인서트, 전기부품 등) - 철근거치

해답 (가) 순서 : ② → ⑥ → ③ → ⑤ → ④ → ①
　　　(나) 작업이름 : 수중양생
　　　(다) 장점
　　　　　① 양질의 부재를 경제적으로 생산할 수 있다.
　　　　　② 기계화 작업으로 공기 단축을 꾀할 수 있다.
　　　　　③ 기상과 관계없이 작업이 가능하며, 특히 한랭기의 시공 시 유리하다.

05.
동영상은 철조망 안쪽의 변압기(임시배전반) 설치장소 충전부에 접촉하여 감전사고가 발생한 장면이다. 간접접촉 예방대책 3가지를 쓰시오.

해답 ① 충전부가 노출되지 않도록 폐쇄형 외함이 있는 구조로 할 것
　　　② 충전부에 충분한 절연효과가 있는 방호망이나 절연덮개를 설치할 것
　　　③ 충전부는 내구성이 있는 절연물로 완전히 덮어 감쌀 것

06.
사진과 같은 낙하물 방지망의 최초 사용개시 후 정기시험과 정기시험기간 및 시험의 종류를 쓰시오.

해답 ① 최초 사용개시 후의 정기시험시간 : 1년 이내
　　　② 정기시험기간 : 6개월
　　　③ 시험의 종류 : 등속인장시험

건설안전산업기사 2017년 1회(A형)

01.

사진은 작업장에 설치된 계단을 보여주고 있다. 사진에서와 같이 작업장에 계단 및 계단참을 설치할 경우 준수하여야 하는 사항에 대하여 다음 (   ) 안에 알맞은 내용을 쓰시오.

> (1) 계단 및 계단참을 설치할 때에는 매 m² 당 (①)kg 이상의 하중을 견딜 수 있는 강도를 가진 구조로 설치하여야 한다.
> (2) 계단을 설치할 때에는 그 폭을 (②)m 이상으로 하여야 한다.
> (3) 높이가 3m를 초과하는 계단에는 높이 (③)m 이내마다 너비 (④) 이상의 계단참을 설치하여야 한다.

해답 ① 500　　② 1　　③ 3　　④ 1.2

02.

동영상은 건설현장의 타워크레인을 사용한 양중작업 시 낙하재해를 보여주고 있다. 재해원인 2가지를 쓰시오.

해답 ① 낙하위험구간에 출입금지 미조치
　　　② 화물을 1줄 걸이로 인양하여 낙하위험
　　　③ 작업자 안전모의 턱끈 미체결
　　　④ 신호수 미배치

03.

건설현장에 설치된 비계를 보여주고 있다. 이 현장에서 추락재해를 유발하는 불안전한 상태를 3가지를 쓰시오.

해답 (1) 작업발판이 미설치
　　　(2) 울, 손잡이 또는 충분한 강도를 가진 난간 등이 미설치
　　　(3) 추락방호망 미설치

O4.
사진에 나타난 터널 굴착공법의 명칭 및 발파에 의한 굴착공법과 비교한 이 굴착공법의 장점을 3가지만 쓰시오.

→[해답] (1) 공법의 명칭

　　　　T.B.M 공법(Tunnel Boring Machine Method)

　　(2) 장점

　　　　① 연속적인 굴착으로 고속 시공이 가능하다.

　　　　② 암반의 이완이 적기 때문에 붕락의 위험이 적다.

　　　　③ 굴착면이 양호하고 여굴이 거의 없다.

　　　　④ 굴착 단면이 원형을 유지하여 역학적으로 안정적이다.

　　　　⑤ 소음, 진동이 적어 주변 구조물에 거의 영향이 없다.

　　　　⑥ 비발파 굴착으로 내부작업 환기에 유리하다.

O5.
지반의 기울기 기준을 모래, 연암 및 풍화암, 경암, 그 밖의 흙에 대하여 쓰시오.

→[해답]

지반의 종류	굴착면의 기울기
모래	1 : 1.8
연암 및 풍화암	1 : 1.0
경암	1 : 0.5
그 밖의 흙	1 : 1.2

06.
콘크리트 타설 작업이 진행 중이다. 다음 기계 명칭과 빈칸을 채우시오.

콘크리트는 신속하게 운반하여 즉시 치고, 충분히 다져야 한다. 비비기로부터 치기가 끝날 때까지의 시간은 원칙적으로 외기온도가 (①)℃를 넘었을 때는 (②)시간을, (③)℃ 이하일 때는 (④)시간을 넘어서는 안 된다.

➡해답 (1) 명칭 : 콘크리트 믹서 트럭
　　　(2) ① 25 　　② 1.5 　　③ 25 　　④ 2

07.
이동식 비계에서 승강용 사다리는 보이지 않고, 이동식 비계의 바퀴가 흔들거리는 장면을 보여주면서 작업자가 추락한다. 이와 같은 이동식 비계를 조립하는 경우 준수사항 3가지를 쓰시오.

➡해답 ① 이동식 비계의 바퀴에는 뜻밖의 갑작스러운 이동 또는 전도를 방지하기 위해 브레이크·쐐기 등으로 바퀴를 고정시킨 다음 비계의 일부를 견고한 시설물에 고정하거나 아웃트리거(Outrigger)를 설치하는 등 필요한 조치를 할 것
　　② 승강용 사다리는 견고하게 설치할 것
　　③ 비계의 최상부에서 작업을 할 경우에는 안전난간을 설치할 것
　　④ 작업발판은 항상 수평을 유지하고 작업발판 위에서 안전난간을 딛고 작업을 하거나 받침대 또는 사다리를 사용하여 작업하지 않도록 할 것
　　⑤ 작업발판의 최대 적재하중은 250kg을 초과하지 않도록 할 것

08.
아파트 건설현장을 보여주고 있다. 이와 같은 아파트 건설현장에서 화물의 낙하·비래 위험이 있는 경우 조치해야 할 사항 2가지를 쓰시오.

➡해답 ① 낙하물 방지망 설치
　　② 출입금지구역의 설정
　　③ 방호선반 설치
　　④ 작업자 안전모 착용

건설안전산업기사 2017년 1회(B형)

01.
충전부가 노출되어 있는 전기기계·기구의 사진을 보여주고 있다. 이와 같이 직접접촉에 의한 감전위험이 있을 경우 방호대책을 3가지 쓰시오.

해답 ① 충전부가 노출되지 않도록 폐쇄형 외함이 있는 구조로 할 것
② 충전부에 충분한 절연효과가 있는 방호망 또는 절연덮개를 설치할 것
③ 충전부는 내구성이 있는 절연물로 완전히 덮어 감쌀 것

02.
사진에서 보여지는 토공기계의 명칭과 용도를 쓰시오.

해답 (1) 명칭 : 스크레이퍼(Scraper)
(2) 용도 : 흙을 절삭·운반하거나 펴 고르는 등의 작업을 하는 토공기계

03.
화면은 불도저를 통해 노면을 깎는 작업을 보여주고 있다. 이 건설기계의 기능을 쓰시오.

해답 지반정지, 굴착작업, 적재작업, 운반작업

04.
항타기·항발기 작업 시 무너짐방지를 위한 준수사항 3가지를 쓰시오.

1) 아웃트리거·받침 등 지지구조물이 미끄러질 우려가 있는 경우의 조치사항을 쓰시오.
2) 버팀대만으로 할 때 조치사항을 쓰시오.
3) 연약한 지반에 설치하는 경우 조치사항을 쓰시오.

➡해답 1) 아웃트리거·받침 등 지지구조물이 미끄러질 우려가 있는 경우에는 말뚝 또는 쐐기 등을 사용하여 아웃트리거·받침 등 지지구조물을 고정시킬 것

2) 버팀대만으로 상단부분을 안정시키는 경우에는 버팀대는 3개 이상으로 하고 그 하단 부분은 견고한 버팀·말뚝 또는 철골 등으로 고정시킬 것

3) 연약한 지반에 설치하는 경우에는 아웃트리거·받침 등 지지구조물의 침하를 방지하기 위하여 버팀목이나 깔판 등을 사용할 것

05.

사진에 나타난 터널 굴착공법의 명칭 및 발파에 의한 굴착공법과 비교한 이 굴착공법의 장점을 3가지만 쓰시오.

➡해답 (1) 공법의 명칭

T.B.M 공법(Tunnel Boring Machine Method)

(2) 장점

① 연속적인 굴착으로 고속 시공이 가능하다.

② 암반의 이완이 적기 때문에 붕락의 위험이 적다.

③ 굴착면이 양호하고 여굴이 거의 없다.

④ 굴착 단면이 원형을 유지하여 역학적으로 안정적이다.

⑤ 소음, 진동이 적어 주변 구조물에 거의 영향이 없다.

⑥ 비발파 굴착으로 내부작업 환기에 유리하다.

06.

공사현장의 개구부를 보여주고 있다. 이처럼 추락의 위험이 존재하는 곳의 작업 시 안전조치방법을 3가지 쓰시오.

➡해답 ① 안전난간, 울타리, 수직형 추락방망 설치

② 충분한 강도를 가진 구조로 덮개를 튼튼하게 설치

③ 어두운 장소에서도 알아볼 수 있도록 개구부임을 표시

④ 추락방호망을 설치
⑤ 근로자 안전대 착용

07.
작업자가 비계를 타고 올라가는 상황을 보여주고 있다. 작업자의 불안전한 행동 2가지를 쓰시오.

▶해답 ① 통로 또는 승강로를 이용하지 않고 비계를 타고 올라가던 중 추락 위험이 있다.
② 안전모 턱끈 미체결 및 안전대 미착용

08.
철골공사 시 작업을 중지해야 하는 기상조건을 쓰시오.(단, 단위를 명확히 쓰시오)

▶해답

구분	내용
강풍	풍속 10m/sec 이상
강우	1시간당 강우량이 1mm 이상
강설	1시간당 강설량이 1cm 이상

건설안전산업기사 2017년 2회(A형)

01.
다음은 건설현장에서 거푸집을 조립하고 있는 사진이다. 거푸집의 조립순서를 쓰시오.

▶해답 ① 기초 → ② 기둥 → ③ 내력벽 → ④ 큰 보 → ⑤ 작은 보 → ⑥ 바닥판 → ⑦ 계단 → ⑧ 외벽

02.
이동식 비계의 조립·설치 시 안전조치 사항을 쓰시오.

▶해답 ① 이동식 비계의 바퀴에는 뜻밖의 갑작스러운 이동 또는 전도를 방지하기 위해 브레이크·쐐기 등으로 바퀴를 고정시킨 다음 비계의 일부를 견고한 시설물에 고정하거나 아웃트리거(Outrigger)를 설치하는 등 필요한 조치를 할 것
② 승강용 사다리는 견고하게 설치할 것
③ 비계의 최상부에서 작업을 할 경우에는 안전난간을 설치할 것

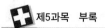
④ 작업발판은 항상 수평을 유지하고 작업발판 위에서 안전난간을 딛고 작업하거나 받침대 또는 사다리를 사용하여 작업하지 않도록 할 것
⑤ 작업발판의 최대 적재하중은 250kg을 초과하지 않도록 할 것

03.
건설현장에 설치된 비계를 보여주고 있다. 이 현장에서 추락재해를 유발하는 불안전한 상태 3가지를 쓰시오.

➡해답 ① 작업발판 미설치
② 울, 손잡이 또는 충분한 강도를 가진 난간 등의 미설치
③ 추락방호망 미설치

04.
사진은 철골 건설현장에서 사용하는 비계의 한 종류이다. 다음 각 물음에 답하시오.

(1) 비계의 명칭을 쓰시오. : 달대비계
(2) 비계의 하중에 대한 최소 안전계수를 쓰시오. : (①)
(3) 철근을 사용할 때 최소의 공칭지름을 쓰시오. : (②)
(4) 비계를 매다는 철선의 호칭치수를 쓰시오. : (③)

➡해답 ① 10 이상   ② 19mm   ③ #8~#10

05.
화면에서 보여 주고 있는 안전대의 ① 명칭, ② 용도를 쓰시오.

➡해답 ① 명칭 : 추락방지대
② 용도 : 수직이동 및 수직으로 이동하는 작업 시에 개인용 추락 방지장치

O6.
사진에서 보여주는 터널 굴착공법의 (1) 명칭과 (2) 적용이 곤란한 지반을 2가지 쓰시오.

➡해답 (1) T.B.M(Tunnel Boring Machine) 공법
　　　(2) 적용 곤란 지반
　　　　　① 단면의 변화가 심하거나 암질이 아주 단단할 경우
　　　　　② 굴착 중 연약지반의 돌출
　　　　　③ 다량의 용수 발생 시
　　　　　④ 유해가스 발생 가능 지역

O7.
작업자가 개구부에서 작업을 하던 중 추락하는 장면을 보여주고 있다. 이와 같은 재해 발생 시 추락방지를 위한 안전대책 3가지를 쓰시오.

➡해답 ① 안전난간, 울타리, 수직형 추락방망 설치
　　　② 충분한 강도를 가진 구조로 덮개를 튼튼하게 설치
　　　③ 어두운 장소에서도 알아볼 수 있도록 개구부임을 표시
　　　④ 추락방호망 설치
　　　⑤ 근로자의 안전대 착용 지시

O8.
지게차로 화물을 운반하는 사진이다. 화물 적재 시 준수하여야 할 사항 3가지를 쓰시오.

➡해답 ① 하중이 한쪽으로 치우치지 않도록 적재할 것
　　　② 운전자의 시야를 가리지 않도록 화물을 적재할 것
　　　③ 화물을 적재할 경우에는 최대적재량 초과 금지

건설안전산업기사 2017년 2회(B형)

O1.

건물 외벽 쌍줄비계에서 작업을 하고 있는 동영상을 보여주고 있다. 위와 같이 비계를 조립·해체하거나 변경하는 작업을 하는 경우 준수사항 3가지를 쓰시오.

> **해답** ① 근로자가 관리감독자의 지휘에 따라 작업하도록 할 것
> ② 조립·해체 또는 변경의 시기·범위 및 절차를 그 작업에 종사하는 근로자에게 주지시킬 것
> ③ 조립·해체 또는 변경 작업구역에는 해당 작업에 종사하는 근로자가 아닌 사람의 출입을 금지하고 그 내용을 보기 쉬운 장소에 게시할 것
> ④ 비, 눈, 그 밖의 기상상태의 불안정으로 날씨가 몹시 나쁜 경우에는 그 작업을 중지시킬 것
> ⑤ 비계재료의 연결·해체작업을 하는 경우에는 폭 20센티미터 이상의 발판을 설치하고 근로자로 하여금 안전대를 사용하도록 하는 등 추락을 방지하기 위한 조치를 할 것
> ⑥ 재료·기구 또는 공구 등을 올리거나 내리는 경우에는 근로자가 달줄 또는 달포대 등을 사용하게 할 것

O2.

아파트 건설공사 현장의 거푸집을 보여주고 있다. 이 거푸집의 명칭과 장점을 3가지 쓰시오.

> **해답** (1) 명칭 : 갱폼(Gang Form)
> (2) 장점
> ① 공사기간 단축
> ② 벽체 거푸집과 작업발판의 일체형으로 비계 불필요
> ③ 설치, 해체가 용이함
> ④ 전용성 증대

03.
굴착면 중 모래의 기울기 기준을 쓰고 굴착 작업 시 근로자 위험방지대책을 쓰시오.

해답 (1) 기울기 : 1:1.8
    (2) 대책
       ① 흙막이 지보공의 설치
       ② 방호망의 설치
       ③ 비가 올 경우를 대비하여 측구를 설치하거나 굴착사면에 비닐보강

04.
동영상은 서해대교의 공사현장을 보여주고 있다. 다음 물음에 답하시오.

(1) 이 교량의 형식을 쓰시오.
(2) 교량 공정이 다음과 같을 때 시공순서를 번호로 나열하시오.
   ① 케이블 설치   ② 주탑 구조물 시공
   ③ 상판 콘크리트 타설   ④ 우물통 기초

해답 (1) 사장교
    (2) ④ → ② → ① → ③

05.
철골공사 시 작업을 중지해야 하는 기상조건을 쓰시오.(단, 단위를 명확히 쓰시오)

해답

구분	내용
강풍	풍속 10m/sec 이상
강우	1시간당 강우량이 1mm 이상
강설	1시간당 강설량이 1cm 이상

06.
타워 크레인의 방호장치를 2가지 쓰시오.

해답 ① 권과방지장치
    ② 과부하방지장치
    ③ 비상정지장치
    ④ 브레이크 장치
    ⑤ 훅해지장치

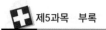

07.
사진은 흙막이 가시설이 설치되어 있는 현장을 보여주고 있다. 이와 같은 흙막이 공법(어스앵커공법)의 (1) 계측기의 종류 및 (2) 해당 계측기의 용도를 쓰시오.

➡️해답 (1) 계측기 : 하중계
　　　(2) 용도 : Strut, Earth Anchor에 설치하여 축하중 측정으로 부재의 안정성 여부 판단

08.
와이어로프의 사용금지 기준을 3가지 쓰시오.

➡️해답 ① 이음매가 있는 것
　　　② 와이어로프의 한 꼬임(스트랜드)에서 끊어진 소선[素線, 필러(Pillar)선은 제외]의 수가 10% 이상(비자전로프의 경우에는 끊어진 소선의 수가 와이어로프 호칭지름의 6배 길이 이내에서 4개 이상이거나 호칭지름 30배 길이 이내에서 8개 이상)인 것
　　　③ 지름의 감소가 공칭지름의 7%를 초과하는 것
　　　④ 꼬인 것
　　　⑤ 심하게 변형 또는 부식된 것
　　　⑥ 열과 전기충격에 의해 손상된 것

건설안전산업기사 2017년 4회(A형)

01.
거푸집 동바리 시공 시 고려해야 할 하중 4가지를 쓰시오.

➡️해답 ① 연직방향하중 : 타설 콘크리트 고정하중, 타설 시 충격하중 및 작업원 등의 작업하중
　　　② 횡방향하중 : 작업 시 진동, 충격, 풍압, 유수압, 지진 등
　　　③ 콘크리트 측압 : 콘크리트가 거푸집을 안쪽에서 밀어내는 압력
　　　④ 특수하중 : 시공 중 예상되는 특수한 하중(콘크리트 편심하중 등)

02.

동영상은 달비계를 이용한 페인트 도장작업 중 근로자가 추락하는 장면을 보여주고 있다. 동영상을 참고하여 불안전한 요소를 쓰시오.

해답 ① 수직구명줄 미설치
② 근로자의 추락방지대 미착용
③ 악천후 시 작업

03.

동영상은 교량의 공사현장을 보여주고 있다. 다음 물음에 답하시오.

(1) 이 교량의 형식을 쓰시오.
(2) 교량 공정이 다음과 같을 때 시공순서를 번호로 나열하시오.
　① 케이블 설치　　　　　② 주탑 구조물 시공
　③ 상판 콘크리트 타설　　④ 우물통 기초

해답 (1) 사장교
(2) ④ → ② → ① → ③

04.

동영상은 토공기계의 굴착장면을 보여 주고 있다. 기계의 명칭과 용도를 2가지 쓰시오.

➜**해답** (1) 명칭 : 클램셀(Clamshell)
    (2) 용도
        ① 좁은 곳의 수직굴착
        ② 수중굴착
        ③ 우물통 기초 케이슨 내 굴착

05.
말비계의 조립 시 준수사항에 대해서 쓰시오.

➜**해답** ① 지주부재의 하단에는 미끄럼 방지장치를 하고, 양측 끝부분에 올라서서 작업하지 아니하도록 할 것
    ② 지주부재와 수평면과의 기울기를 75° 이하로 하고, 지주부재와 지주부재 사이를 고정시키는 보조부재를
        설치할 것
    ③ 말비계의 높이가 2m를 초과할 경우에는 작업발판의 폭을 40cm 이상으로 할 것

06.
사진에서 보여주는 터널 굴착공법의 (1) 명칭과 (2) 적용이 곤란한 지반을 2가지 쓰시오.

➜**해답** (1) 명칭 : T.B.M(Tunnel Boring Machine) 공법
    (2) 적용 곤란 지반
        ① 단면의 변화가 심하거나 암질이 아주 단단할 경우
        ② 굴착 중 연약지반의 돌출
        ③ 다량의 용수 발생 시
        ④ 유해가스의 발생 가능 지역

07.
사진 속 건설기계(아스팔트 피니셔)의 용도에 대하여 쓰시오.

해답 용도 : 아스팔트 플랜트에서 덤프트럭으로 운반된 아스콘 혼합재를 노면 위에 일정한 규격과 간격으로 깔아주는 장비

08.
동영상은 굴착기를 이용하여 굴착한 흙을 덤프트럭으로 운반하는 작업을 보여 주고 있다. 동영상을 참고하여 작업 시 문제점을 2가지 쓰시오.

해답 ① 작업 유도자를 배치하지 않았고 작업반경 내 근로자 접근을 금지하지 않았음
② 덤프트럭 바퀴에 고임목(쐐기)을 설치하지 않았음
③ 적재적량 상차를 하지 않았고 덮개를 덮고 운반하지 않았음
④ 지반을 고르게 수평으로 유지하지 않았음
⑤ 살수를 실시하지 않았고 운행속도를 제한하지 않았음

건설안전산업기사 2018년 1회(A형)

01.
철골작업을 중지해야 하는 기상상황 3가지를 쓰시오.

→해답 ① 풍속 : 초당 10m 이상인 경우
② 강우량 : 시간당 1mm 이상인 경우
③ 강설량 : 시간당 1cm 이상인 경우

02.
작업발판의 설치 기준 3가지를 쓰시오.

→해답 ① 발판재료는 작업할 때의 하중을 견딜 수 있도록 견고한 것으로 할 것
② 작업발판의 폭은 40cm 이상으로 하고, 발판재료 간의 틈은 3cm 이하로 할 것
③ 추락의 위험성이 있는 장소에는 안전난간을 설치할 것

03.
동영상은 콘크리트타설장비로 콘크리트를 타설하는 장면을 보여주고 있다. 콘크리트타설장비 사용시 준수사항 3가지를 쓰시오.

→해답 1. 작업을 시작하기 전에 콘크리트타설장비를 점검하고 이상을 발견하였으면 즉시 보수할 것
2. 건축물의 난간 등에서 작업하는 근로자가 호스의 요동·선회로 인하여 추락하는 위험을 방지하기 위하여 안전난간 설치 등 필요한 조치를 할 것
3. 콘크리트타설장비의 붐을 조정하는 경우에는 주변의 전선 등에 의한 위험을 예방하기 위한 적절한 조치를 할 것
4. 작업 중에 지반의 침하나 아웃트리거 등 콘크리트타설장비 지지구조물의 손상 등에 의하여 콘크리트타설장비가 넘어질 우려가 있는 경우에는 이를 방지하기 위한 적절한 조치를 할 것

04.
굴착기를 이용하여 굴착한 토사를 덤프트럭으로 상차하는 작업을 보여주고 있다. 이와 같은 건설기계 작업 시 주의사항을 3가지 쓰시오.

해답 ① 작업유도자 배치 및 작업반경 내 근로자 접근금지
② 덤프트럭 바퀴에 고임목(쐐기)을 설치하여 급작스런 유동 방지
③ 적재적량 상차 및 덮개를 덮고 운반
④ 지반을 고르게 하고 수평 유지
⑤ 살수 실시 및 운행속도 제한

05.
기성 콘크리트 말뚝의 단점을 2가지 쓰시오.

해답 ① 말뚝 이음부의 신뢰성이 크게 저하된다.
② 경질지반에서 타입이 어렵다.
③ 타입 시 말뚝 본체에 압축 또는 인장력이 작용하여 균열이 생기기 쉽다.
④ 중량물이므로 취급, 운반이 어렵다.

06.
사진에 보이는 차량계 건설기계(로더)의 작업을 2가지 쓰시오.

해답 ① 싣기작업, ② 운반작업

07.
작업자가 건물 외측에 설치한 낙하물방지망을 보수하고 있다. 다음 각 물음에 답하시오.

1) 위와 같은 작업을 할 때 작업자의 추락 방지를 위해 필요한 조치사항을 쓰시오.
2) 낙하물 방지망은 높이 (①)m 이내마다 설치하고, 내민 길이는 벽면으로부터 (②)m 이상으로 하여야 하며, 수평면과의 각도는 (③)를 유지하여야 한다.

해답 (1) 조치사항 : 안전대를 착용한 후 안전대 부착설비에 안전대를 걸고 작업을 실시한다.
(2) ① 10 ② 2 ③ 20~30°

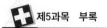

08.
자동전격방지장치를 설치해야 하는 장소 2가지를 쓰시오.

해답 • 물 등 전도성이 높은 액체가 있는 습윤장소
• 철골 철판 위 등 도전성이 높은장소

건설안전산업기사 2018년 1회(B형)

01.
목재가공용 둥근톱 기계 작업중이다. 근로자 위험을 예방하기 위한 필요한 장치 2가지 쓰시오.

해답 ① 반발예방장치
② 톱날접촉예방장치

02.
작업자가 이동식 비계 최상부에 올라가서 작업을 하고 있다. 이때 재해예방을 위한 안전조치사항 3가지를 쓰시오.

해답 ① 작업발판은 항상 수평을 유지한다.
② 최상부 작업발판 단부에는 안전난간을 설치한다.
③ 근로자는 안전대를 걸고 작업한다.
④ 이동식비계가 전도되지 않도록 시설물에 고정하거나 아웃트리거를 설치한다.

03.
항타기·항발기가 작업 중인 동영상을 보여주고 있다.이러한 항타기·항발기 작업 시 무너짐 방지를 위한 준수사항 3가지를 쓰시오.

해답 ① 연약한 지반에 설치하는 경우에는 아웃트리거·받침 등 지지구조물의 침하를 방지하기 위하여 버팀목이나 깔판 등을 사용할 것
② 시설 또는 가설물 등에 설치하는 경우에는 그 내력을 확인하고 내력이 부족하면 그 내력을 보강할 것
③ 아웃트리거·받침 등 지지구조물이 미끄러질 우려가 있는 경우에는 말뚝 또는 쐐기 등을 사용하여 해당 지지구조물을 고정시킬 것
④ 궤도 또는 차로 이동하는 항타기 또는 항발기에 대해서는 불시에 이동하는 것을 방지하기 위하여 레일 클램프(rail clamp) 및 쐐기 등으로 고정시킬 것
⑤ 상단 부분은 버팀대·버팀줄로 고정하여 안정시키고, 그 하단 부분은 견고한 버팀·말뚝 또는 철골 등으로 고정시킬 것

O4.
타워크레인을 해체하는 동영상을 보여주고 있다. 크레인이 짐을 한 줄 걸이로 들고 있고 트럭 위에 짐 싣는 도중 작업자가 올라가려다 놀라며 내려오고 있으며, 다른 작업자는 중량물을 잡고 내리고 있고 안전모를 착용하지 않았다. 해체작업 시 안전상 미비점 2가지를 쓰시오.

해답 ① 낙하위험구간에 출입금지 미조치
② 화물을 1줄 걸이로 인양하여 낙하위험
③ 작업자 안전모의 턱끈 미체결
④ 신호수 미배치

O5.
화면은 거푸집 동바리 조립작업을 보여주고 있다. 이러한 거푸집 동바리 조립 시 준수해야 하는 사항으로 다음의 빈칸을 채우시오.

(1) 파이프서포트를 (①)본 이상 이어서 사용하지 않도록 할 것
(2) 파이프서포트를 이어서 사용할 때에는 (②)개 이상의 볼트 또는 전용철물을 사용하여 이을 것
(3) 높이가 3.5m를 초과할 때에는 높이 2m 이내마다 수평연결재를 (③)개 방향으로 만들고 수평 연결재의 변위를 방지할 것

해답 ① 3　② 4　③ 2

O6.
화면은 도료(페인트) 사진을 보여주고 있다. 다음과 같은 물질을 취급하는 사업장에서 취급근로자가 쉽게 볼 수 있도록 잘 보이는 장소에 게시 또는 비치해야할 사항 2가지를 쓰시오.

해답 ① 대상 화학물질의 명칭, 구성성분 및 함유량
② 안전·보건상의 취급주의 사항
③ 인체 및 환경에 미치는 영향
④ 그 밖에 고용노동부령이 정하는 사항

O7.
터널공사 작업 시작 전 자동경보장치에 대하여 당일 작업시작 전에 점검하고 이상 발견 즉시 보수해야 할 사항 3가지를 쓰시오.

해답 ① 계기의 이상 유무
② 검지부의 이상 유무
③ 경보장치의 작동상태

08.
동영상에서 보여주고 있는 바닥 개구부나 가설 구조물의 단부에서 추락위험을 방지하기 위해 설치해야 하는 안전난간의 구조 및 설치요건을 (   ) 안에 써 넣으시오.

1. 안전난간은 (①), (②), (③) 및 (④)으로 구성한다.
2. (①)은 바닥면 발판 또는 경사로의 표면으로부터 (⑤) 이상 지점에 설치하고, 상부난간대를 (⑥) 이하에 설치하는 경우에는 (②)는 (①)와 바닥면 등의 중간에 설치하여야 하며, (⑥) 이상 지점에 설치하는 경우에는 (②)를 2단 이상으로 균등하게 설치하고 난간의 상하 간격은 60cm 이하가 되도록 한다. 다만, 계단의 개방된 측면에 설치된 난간기둥 간의 간격이 25cm 이하인 경우에는 중간 난간대를 설치하지 아니할 수 있다.
3. (③)은 바닥면 등으로부터 (⑦) 이상의 높이를 유지한다.

해답 ① 상부 난간대 ② 중간 난간대
③ 발끝막이판 ④ 난간기둥
⑤ 90cm ⑥ 120cm
⑦ 10cm

건설안전산업기사 2018년 2회(A형)

01.
배수구조물 설치를 위한 터파기 작업이 진행 중이다. 지반의 기울기 기준을 모래, 연암 및 풍화암, 경암, 그 밖의 흙에 대하여 쓰시오.

지반의 종류	기울기
모래	(①)
연암 및 풍화암	(②)
경암	(③)
그 밖의 흙	(④)

해답 ① 1 : 1.8, ② 1 : 1.0, ③ 1 : 0.5, ④ 1 : 1.2

02.
중량물을 양중하는 장면을 보여주고 있다. 와이어로프의 부적격 사용조건을 쓰시오.

➜해답 ① 이음매가 있는 것
② 와이어로프의 한 꼬임에서 끊어진 소선의 수가 10% 이상(비자전로프의 경우에는 끊어진 소선의 수가 와이어로프 호칭지름의 6배 길이 이내에서 4개 이상이거나 호칭지름 30배 길이 이내에서 8개 이상인 것)인 것
③ 지름의 감소가 공칭지름의 7%를 초과하는 것
④ 꼬인 것
⑤ 심하게 변형 또는 부식된 것
⑥ 열과 전기충격에 의해 손상된 것

03.
아파트 공사장에서 작업 중 분진으로 인한 재해예방대책을 2가지만 쓰시오.

➜해답 ① 분진 작업구역에 살수작업 실시
② 분진마스크 등 보호구 착용
③ 환기시설 설치

04.
밀폐된 공간, 즉 잠함, 우물통, 수직갱 등에서 작업 시 산소결핍기준 및 결핍 시 조치사항 3가지를 쓰시오.

➜해답 (1) 결핍기준 : 공기 중의 산소농도가 18% 미만인 상태
(2) 조치사항
① 산소 결핍 우려가 있는 경우에는 산소의 농도를 측정하는 사람을 지명하여 측정하도록 할 것
② 근로자가 안전하게 오르내리기 위한 설비를 설치할 것
③ 굴착 깊이가 20m를 초과하는 경우에는 해당 작업장소와 외부와의 연락을 위한 통신설비 등을 설치할 것

05.
Precast Concrete 제품의 제작과정을 보여주고 있다. Precast Concrete의 장점을 3가지만 쓰시오.

➜해답 ① 좋은 품질의 콘크리트 부재를 생산 가능
② 기계화 작업으로 공기단축
③ 기상과 관계없이 작업 가능

O6.

사진에 보이는 건설기계의 명칭을 쓰고, 이와 같은 차량계 건설기계를 사용하여 작업을 하는 때에 작성하여야 하는 작업계획 포함 내용을 2가지만 쓰시오.

해답 (1) 명칭 : 모터그레이더(Motor Grader)

(2) 작업계획 포함내용

① 사용하는 차량계 건설기계의 종류 및 능력

② 차량계 건설기계의 운행경로

③ 차량계 건설기계에 의한 작업방법

O7.

작업자가 이동식 비계 최상부에 올라가서 작업을 하고 있다. 이때 재해예방을 위한 안전조치사항 3가지를 쓰시오.

해답 ① 작업발판은 항상 수평을 유지한다.

② 최상부 작업발판 단부에는 안전난간을 설치한다.

③ 근로자는 안전대를 걸고 작업한다.

④ 이동식 비계가 전도되지 않도록 시설물에 고정하거나 아웃트리거를 설치한다.

O8.

이동식 비계에서 승강용 사다리는 보이지 않고, 이동식 비계의 바퀴가 흔들거리는 장면을 보여주면서 작업자가 추락한다. 이와 같은 이동식 비계를 조립하는 경우 준수사항 3가지를 쓰시오.

해답 ① 이동식 비계의 바퀴에는 뜻밖의 갑작스러운 이동 또는 전도를 방지하기 위해 브레이크·쐐기 등으로 바퀴를 고정시킨 다음 비계의 일부를 견고한 시설물에 고정하거나 아웃트리거(Outrigger)를 설치하는 등 필요한 조치를 할 것

② 승강용 사다리는 견고하게 설치할 것

③ 비계의 최상부에서 작업을 할 경우에는 안전난간을 설치할 것

④ 작업발판은 항상 수평을 유지하고 작업발판 위에서 안전난간을 딛고 작업을 하거나 받침대 또는 사다리를 사용하여 작업하지 않도록 할 것

⑤ 작업발판의 최대 적재하중은 250kg을 초과하지 않도록 할 것

건설안전산업기사 2018년 2회(B형)

01.
도로의 아스콘 포장 후 다짐작업을 하고 있다. 다음 건설기계의 장비명과 주요작업을 쓰시오.

➡️**해답** (1) 명칭 : 타이어 롤러(Tire Roller)
　　　(2) 주요작업 : 다짐작업, 아스콘 전압, 성토부 전압

02.
작업자가 개구부에서 작업을 하던 중 추락하는 장면을 보여주고 있다. 이와 같은 재해 발생 시 추락 방지를 위한 안전대책 3가지를 쓰시오.

➡️**해답** ① 안전난간, 울타리, 수직형 추락방망 설치
　　　② 충분한 강도를 가진 구조로 덮개를 튼튼하게 설치
　　　③ 어두운 장소에서도 알아볼 수 있도록 개구부임을 표시
　　　④ 추락방호망 설치
　　　⑤ 근로자의 안전대 착용 지시

03.
사진은 흙막이 시설이 설치되어 있는 현장을 보여주고 있다. 이와 같은 흙막이 공법과 이 공법의 구성 재료의 명칭을 2가지 쓰시오.

➡️**해답** (1) 공법의 명칭 : 버팀대 공법
　　　(2) 구성요소 : H빔, 토류판(목재), 복공판(철재)

O4.
고소작업대 작업시 준수사항을 쓰시오.

해답 ① 작업자가 안전모·안전대 등의 보호구를 착용하도록 할 것
② 관계자가 아닌 사람이 작업구역에 들어오는 것을 방지하기 위하여 필요한 조치를 할 것
③ 안전한 작업을 위하여 적정수준의 조도를 유지할 것
④ 전로에 근접하여 작업을 하는 경우에는 작업감시자를 배치하는 등 감전사고를 방지하기 위하여 필요한 조치를 할 것
⑤ 작업대를 정기적으로 점검하고 붐·작업대 등 각 부위의 이상 유무를 확인할 것
⑥ 전환스위치는 다른 물체를 이용하여 고정하지 말 것
⑦ 작업대는 정격하중을 초과하여 물건을 싣거나 탑승하지 말 것
⑧ 작업대의 붐대를 상승시킨 상태에서 탑승자는 작업대를 벗어나지 말 것. 다만, 작업대에 안전대 부착설비를 설치하고 안전대를 연결하였을 때에는 그러하지 아니하다.

O5.
건설현장에서 철골작업 시 작업을 중지하여야 하는 기후조건 3가지를 쓰시오.

해답 ① 풍속이 초당 10m 이상인 경우
② 강우량이 시간당 1mm 이상인 경우
③ 강설량이 시간당 1cm 이상인 경우

O6.
가설통로와 외부비계가 설치되어 있다. 강관비계와 작업발판의 미비점을 3가지 쓰시오.

해답 ① 작업발판 단부에 안전난간 미설치
② 가설통로에 손잡이 미설치
③ 수직방망 미설치
④ 적정 간격의 벽이음 미설치

07.

백호로 경사면을 굴착하고 있는 모습이다. 굴착작업 시 토사등의 붕괴 또는 낙하를 방지하기 위해 작업 시작 전 점검해야 할 사항을 2가지 쓰시오.

해답 ① 형상·지질 및 지층의 상태
② 균열·함수·용수 및 동결의 유무 또는 상태
③ 매설물 등의 유무 또는 상태
④ 지반의 지하수위 상태

08.

지게차로 화물을 운반하는 사진이다. 화물 적재 시 준수하여야 할 사항 3가지를 쓰시오.

해답 ① 하중이 한쪽으로 치우치지 않도록 적재할 것
② 운전자의 시야를 가리지 않도록 화물을 적재할 것
③ 화물을 적재할 경우에는 최대적재량 초과 금지

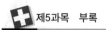

건설안전산업기사 2018년 4회(A형)

01.

거푸집 동바리가 설치된 사진을 보여주고 있다. 사진을 보고 문제점을 찾아 2가지를 쓰시오.

➡️**해답** ① 동바리의 이음을 맞댄이음 또는 장부이음으로 하고 같은 품질의 재료를 사용해야 하나 동바리와 이질재료를 혼합하여 사용함
② 파이프서포트를 이어서 사용할 때에는 4개 이상의 볼트 또는 전용철물을 사용하여야 하나 이질재료에 못으로 고정하여 이음
③ 강재와 강재와의 접속부 및 교차부는 볼트·클램프 등 전용철물을 사용하여 단단히 연결해야 하나 전용철물 미사용

02.

작업자가 목재 가공용 둥근톱 기계를 사용하기 선 가설분전함의 누전차단기 작동상태 및 진신 체결싱태를 점검한 후 둥근톱 기계로 합판을 절단하다 사고가 발생하였다.

(1) 동영상에서 알 수 있는 재해발생 원인을 2가지 쓰시오.
(2) 누전차단기를 반드시 설치해야 하는 작업장소를 쓰시오.

➡️**해답** (1) 재해발생 원인
① 분할날 반발예방장치 미설치
② 톱날접촉 예방장치 미설치
③ 작업 시 장갑 착용
(2) 누전차단기 설치장소
① 물 등 도전성이 높은 액체에 의한 습윤 장소
② 철판·철골 위 등 도전성이 높은 장소
③ 임시배선의 전로가 설치되는 장소

03.

콘크리트타설장비로 콘크리트를 타설 중인 모습을 보여주고 있다. 거푸집 위에서 근로자는 작업하고 있고, 작업발판과 안전난간이 설치되지 않았다. 붐대 위 전선이 있다. 콘크리트타설장비에 대한 위험요인과 근로자의 위험요인을 쓰시오.

해답 (1) 콘크리트타설장비에 대한 위험요인 : 붐 조정 시 인접 전선에 의한 감전위험
(2) 근로자 위험요인 : 붐의 선회, 요동 시 접촉으로 인한 추락위험

04.

동영상은 작업자가 캔음료를 먹고 있고, 리프트를 타고 다른 작업자가 올라가자 바닥에 캔을 버리며 외부비계를 타고 올라가다 사고가 발생하였다. 시설 측면에서 위험요인을 3가지 쓰시오.

해답 ① 비계상에 사다리 및 비계다리 등 승강시설이 설치되지 않고 무리하게 올라가던 중 추락의 위험이 있다.
② 추락방호망이 설치되어 있지 않아 추락 위험이 있다.
③ 추락방지대가 설치되어 있지 않아 추락 위험이 있다.

05.

백호에 한줄걸이를 사용하여 화물을 이동하던 중 밑에서 작업하던 근로자가 화물에 부딪히는 장면을 보여주고있다. 동영상을 참고하여 재해 방지대책을 3가지 쓰시오.

해답 ① 화물의 인양작업 시에는 이동식 크레인 등 양중기를 사용할 것
② 인양물을 인양로프에 체결 시 2줄 걸이로 할 것
③ 인양물 하부에 근로자의 접근을 통제할 것
④ 작업전 인양로프의 이상 여부를 확인할 것

06.

굴착기를 이용하여 굴착한 토사를 덤프트럭으로 상차하는 작업을 보여주고 있다. 이와 같은 건설기계 작업 시 주의사항을 3가지 쓰시오.

해답 ① 작업유도자 배치 및 작업반경 내 근로자 접근금지
② 덤프트럭 바퀴에 고임목(쐐기)을 설치하여 급작스런 유동 방지
③ 적재적량 상차 및 덮개를 덮고 운반
④ 지반을 고르게 하고 수평 유지
⑤ 살수 실시 및 운행속도 제한

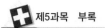

O7.
교량 건설공사 중 스틸박스 거더를 설치하고 있는 동영상을 보여주고 있다. 교량 상부공 작업 시 작업자가 하부로 추락하는 재해가 발생하였다. 이때 재해예방대책을 4가지 쓰시오.

➡️해답 ① 작업(통로)발판 설치
② 안전대 부착설비 설치 및 안전대 착용
③ 추락방지용 추락방호망 설치
④ 작업발판 단부, 스틸박스 단부에 안전난간 설치

O8.
아파트 건설현장을 보여주고 있다. 위와 같은 건설현장에서 화물의 낙하·비래 위험이 있는 경우 조치해야 할 사항 2가지를 쓰시오.

➡️해답 ① 낙하물 방지망 설치
② 출입금지구역의 설정
③ 방호선반 설치
④ 작업자의 안전모 착용 지시

건설안전산업기사 2018년 4회(B형)

O1.
터널공사 장면을 보여주고 있다. 동영상을 참고하여 불안전한 상태 및 불안전한 행동을 쓰시오.

➡️해답 ① 터널 작업구간에 작업 유도자를 배치하지 않아 작업차량 운행 중 충돌위험이 있다.
② 건설기계의 고소작업 시 근로자가 안전대를 착용하지 않아 추락위험이 있다.

O2.
백호로 경사면을 굴착하고 있는 모습이다. 굴착작업 시 토사등의 붕괴 또는 낙하를 방지하기 위해 작업 시작 전 점검해야 할 사항을 2가지 쓰시오.

➡️해답 ① 형상·지질 및 지층의 상태
② 균열·함수·용수 및 동결의 유무 또는 상태
③ 매설물 등의 유무 또는 상태
④ 지반의 지하수위 상태

03.
작업자가 이동식 비계를 사용하여 작업을 하고 있다. 이때 이동식비계의 조립기준 3가지를 쓰시오.

해답 ① 이동식 비계의 바퀴에는 뜻밖의 갑작스러운 이동 또는 전도를 방지하기 위하여 브레이크·쐐기 등으로 바퀴를 고정시킨 다음 비계의 일부를 견고한 시설물에 고정하거나 아웃트리거(outrigger)를 설치하는 등 필요한 조치를 할 것
② 승강용 사다리는 견고하게 설치할 것
③ 비계의 최상부에서 작업을 할 경우에는 안전난간을 설치할 것
④ 작업발판은 항상 수평을 유지하고 작업발판 위에서 안전난간을 딛고 작업을 하거나 받침대 또는 사다리를 사용하여 작업하지 않도록 할 것
⑤ 작업발판의 최대 적재하중은 250kg을 초과하지 않도록 할 것

04.
타워크레인으로 화물을 1줄로 걸어 인양하던 중 화물이 낙하하였고, 때마침 안전모를 불량하게 착용한 작업자가 지나가다가 낙하하는 화물에 맞는 재해가 발생하였다. 이때, 재해발생 원인 2가지를 쓰시오.

해답 ① 낙하위험구간에 출입금지 미조치
② 화물을 1줄 걸이로 인양하여 낙하위험
③ 작업자 안전모의 턱끈 미체결
④ 신호수 미배치

05.
토공기계를 이용하여 작업 중인 모습을 보여주고 있다. 다음 토공기계의 명칭과 용도를 쓰시오.

해답 (1) 명칭 : 스크레이퍼(Scraper)
(2) 용도 : 흙을 절삭·운반하거나 펴 고르는 등의 작업을 하는 토공기계

06.
작업자가 손수레에 모래를 가득 싣고 리프트를 이용하여 운반하기 위해 손수레를 운전하던 중 리프트 개구부에서 추락하는 사고가 발생하였다. 이때 ① 건설용 리프트의 방호장치의 종류, ② 재해형태, ③ 재해원인 2가지를 쓰시오.

해답 ① 권과방지장치, 과부하방지장치, 비상정지장치, 낙하방지장치
② 추락
③ 손수레 운전한계를 초과한 모래적재, 1인이 운반

07.
차량계 하역운반기계에 화물을 적재하고 있다. 동영상을 참고하여 작업자가 화물적재 시 준수하지 않은 사항을 2가지 쓰시오.

해답 ① 하중이 한쪽으로 치우치게 적재
② 화물을 높이 적재하여 운전자의 시야를 가림
③ 화물의 최대적재량을 초과하여 적재

08.
파이프 받침대 영상을 보여주고 있다. 동영상을 참고하여 작업 시 주의사항을 3가지 쓰시오.

해답 1. 받침목이나 깔판의 사용, 콘크리트 타설, 말뚝박기 등 동바리의 침하를 방지하기 위한 조치를 할 것
2. 동바리의 상하 고정 및 미끄러짐 방지 조치를 할 것
3. 상부·하부의 동바리가 동일 수직선상에 위치하도록 하여 깔판·받침목에 고정시킬 것
4. 개구부 상부에 동바리를 설치하는 경우에는 상부하중을 견딜 수 있는 견고한 받침대를 설치할 것
5. U헤드 등의 단판이 없는 동바리의 상단에 멍에 등을 올릴 경우에는 해당 상단에 U헤드 등의 단판을 설치하고, 멍에 등이 전도되거나 이탈되지 않도록 고정시킬 것
6. 동바리의 이음은 같은 품질의 재료를 사용할 것
7. 강재의 접속부 및 교차부는 볼트·클램프 등 전용철물을 사용하여 단단히 연결할 것
8. 거푸집의 형상에 따른 부득이한 경우를 제외하고는 깔판이나 받침목은 2단 이상 끼우지 않도록 할 것
9. 깔판이나 받침목을 이어서 사용하는 경우에는 그 깔판·받침목을 단단히 연결할 것

건설안전산업기사 2019년 1회(A형)

01.
깊이 10.5m 이상의 굴착의 경우, 필요한 계측기 3가지를 쓰시오.

해답 ① 지표침하계 : 흙막이벽 배면에 동결심도보다 깊게 설치하여 지표면 침하량 측정
② 지중경사계 : 흙막이벽 배면에 설치하여 토류벽의 기울어짐 측정
③ 하중계 : Strut, Earth Anchor에 설치하여 축하중 측정으로 부재의 안정성 여부 판단
④ 간극수압계 : 굴착, 성토에 의한 간극수압의 변화 측정
⑤ 균열측정기 : 인접 구조물, 지반 등의 균열부위에 설치하여 균열의 크기와 변화 측정
⑥ 변형률계 : Strut, 띠장 등에 부착하여 굴착작업 시 구조물의 변형을 측정
⑦ 지하수위계 : 굴착에 따른 지하수위 변동을 측정

02.
다음 보기의 (   )에 알맞은 말이나 숫자를 쓰시오.

(1) 비계기둥에는 미끄러지거나 침하하는 것을 방지하기 위하여 밑받침 철물을 사용하거나 (①) 등을 사용하여 밑둥잡이를 설치하는 등의 조치를 할 것
(2) 비계기둥의 간격은 띠장 방향에서는 (②)m, 장선 방향에서는 (③)m 이하로 할 것
(3) 띠장 간격은 (④)m 이하로 설치할 것
(4) 비계기둥의 최고부로부터 (⑤)m되는 지점 밑부분의 비계기둥은 (⑥)개의 강관으로 묶어 세울 것
(5) 비계기둥 간의 적재하중은 (⑦)kg을 초과하지 아니하도록 할 것

해답 ① 버팀목이나 깔판   ② 1.85   ③ 1.5   ④ 2   ⑤ 31   ⑥ 2   ⑦ 400

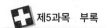

03.
콘크리트 타설작업을 하기 위하여 콘크리트타설장비 이용 작업 시 준수사항 3가지를 쓰시오.

해답 1. 작업을 시작하기 전에 콘크리트타설장비를 점검하고 이상을 발견하였으면 즉시 보수할 것
2. 건축물의 난간 등에서 작업하는 근로자가 호스의 요동·선회로 인하여 추락하는 위험을 방지하기 위하여 안전난간 설치 등 필요한 조치를 할 것
3. 콘크리트타설장비의 붐을 조정하는 경우에는 주변의 전선 등에 의한 위험을 예방하기 위한 적절한 조치를 할 것
4. 작업 중에 지반의 침하나 아웃트리거 등 콘크리트타설장비 지지구조물의 손상 등에 의하여 콘크리트타설장비가 넘어질 우려가 있는 경우에는 이를 방지하기 위한 적절한 조치를 할 것

04.
동영상에서 말비계를 보여준다. 말비계 사용 시 작업발판의 설치 기준을 3가지 쓰시오.

해답 ① 지주부재의 하단에는 미끄럼 방지장치를 하고, 근로자가 양측 끝부분에 올라서서 작업하지 않도록 할 것
② 지주부재와 수평면의 기울기를 75도 이하로 하고, 지주부재와 지주부재 사이를 고정시키는 보조부재를 설치할 것
③ 말비계의 높이가 2m를 초과하는 경우에는 작업발판의 폭을 40cm 이상으로 할 것

05.
동영상에서 보여주는 것과 같이 가설구조물이나 개구부 등에서 추락 위험을 방지하기 위해 설치하여야 하는 안전난간의 구조 및 설치요건에 맞도록 알맞은 용어나 숫자를 해당 번호에 쓰시오.

1. (①)는 바닥면, 발판 또는 경사로의 표면으로부터 (②)cm 이상 (③)cm 이하에 설치
2. (④)은 바닥면 등에서부터 (⑤)cm 이상의 높이를 유지할 것

해답 ① 상부 난간대
② 90
③ 120
④ 발끝막이판
⑤ 10

06.
동바리 설치 중 파이프 받침의 조립 시 준수사항 3가지를 쓰시오.

→해답 ① 파이프서포트를 3개 이상 이어서 사용하지 않도록 할 것
② 파이프서포트를 이어서 사용하는 경우에는 4개 이상의 볼트 또는 전용 철물을 사용하여 이을 것
③ 높이가 3.5m를 초과하는 경우에는 높이 2m 이내마다 수평연결재를 2개 방향으로 만들고 수평연결재의 변위를 방지할 것

07.
동영상은 아파트 단지 내에서 하수관로 매설작업을 수행하고 있는 전경을 보여주고 있다. 동영상을 참고하여 ①재해형태 ②기인물 ③방지조치 사항을 쓰시오.

[동영상 설명]
백호가 흄관을 1줄 걸이로 인양하여 매설하고 있으며, 흄관 바로 밑에 작업 근로자 2명이 있고 인양 중 흄관이 작업자에게 떨어져 다리가 끼인다.

→해답 ① 재해발생형태 : 끼임(협착)
② 기인물 : 백호
③ 방지조치
㉠ 신호수를 배치한다.
㉡ 주변에 근로자 출입을 금지한다.
㉢ 화물 인양 시 양끝 등 2곳 이상을 묶어서 인양한다.

08.
추락방호망 설치 시 준수사항에 대해 올바르게 채우시오

추락방호망은 수평으로 설치하고, 망의 처짐은 짧은 변 길이의 (   ) 이상이 되도록 할 것

→해답 12%

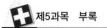

건설안전산업기사 2019년 1회(B형)

01.
백호를 이용한 도로 작업으로 언덕 위에서 굴착한 흙을 트럭에 퍼담고 있다. 풍화암의 기울기 기준 및 근로자 접근 시 위험방지대책 2가지를 쓰시오.

➡해답) ① 풍화암 구배기준
      1 : 1.0
    ② 위험방지대책
      ㉠ 작업반경 내 근로자 출입 금지
      ㉡ 신호수 배치

02.
작업발판 설치 작업을 보여주고 있다. 작업발판 설치기준에 맞도록 빈칸을 채우시오. (단, 단위를 명확히 쓰시오.)

- 발판재료는 작업할 때의 하중을 견딜 수 있도록 견고한 것으로 할 것
- 작업발판의 폭은 (①) 이상으로 설치하고, 발판 틈의 간격은 (②) 이하로 할 것
- 추락의 위험성이 있는 장소에는 안전난간을 설치할 것

➡해답) ① 40cm
    ② 3cm

03.
낙하물 방지망을 보수하고 있다. 낙하물 방지망 설치기준에 맞도록 다음 빈칸에 알맞은 숫자를 쓰시오.

1. 낙하물 방지망의 설치는 (①)m 이내마다 설치하고, 내민길이는 벽면으로부터 (②)m 이상으로 할 것
2. 수평면과의 각도는 (③)° 이상 (④)° 이하를 유지할 것

➡해답) ① 10
    ② 2
    ③ 20
    ④ 30

04.
건설현장에 눈이 소복이 쌓여 있다. 작업장에 폭설이나 한파가 왔을 때의 조치사항 2가지를 쓰시오.

해답 ① 적설량이 많을 경우 하중에 취약한 가시설 및 가설구조물 위에 쌓인 눈 제거
② 가설계단, 작업발판, 개구부 주위 및 근로자의 주 통로는 눈과 결빙으로 인한 전도, 추락의 우려가 있으므로 작업 전 점검을 실시하여 결빙 및 눈을 신속히 제거하거나 모래, 부직포 등을 이용하여 미끄럼 방지조치 실시
③ 혹한으로 인한 동상 등 근로자의 건강장해 우려가 있으므로 다음과 같이 할 것
　　㉠ 체온이 잘 유지될 수 있도록 따뜻한 복장을 함
　　㉡ 장갑이나 신발은 여유 있는 크기의 제품을 착용하고, 여분을 준비하여 젖거나 습기가 찰 경우 즉시 교체
　　㉢ 작업현장 내 추위를 피할 수 있는 난방시설 구비
　　㉣ 적정 휴식시간을 준수하거나, 작업을 중지

05.
근로자가 계단 없이 이동식 비계에 올라가다 감전된다. 충전전로에 의한 감전 예방대책 2가지를 쓰시오

해답 ① 충전전로를 취급하는 근로자에게 그 작업에 적합한 절연용 보호구를 착용시킬 것
② 충전전로에 근접한 장소에서 전기작업을 하는 경우에는 해당 전압에 적합한 절연용 방호구를 설치할 것
③ 고압 및 특별고압의 전로에서 전기작업을 하는 근로자에게 활선 작업용 기구 및 장치를 사용하도록 할 것
④ 충전전로를 방호, 차폐하거나 절연 등의 조치를 하는 경우에는 근로자의 신체가 전로와 직접 접촉하거나 도전재료, 공구 또는 기기를 통하여 간접 접촉하지 않도록 할 것

06.
노면 정리 작업을 보여주고 있다. 건설기계(로더)의 용도 2가지를 쓰시오.

해답 ① 싣기작업
② 운반작업

07.
흙막이 지보공 설치 작업을 보여주고 있다. 흙막이 지보공의 정기점검사항 2가지를 쓰시오.

해답 ① 부재의 손상, 변형, 부식, 변위 및 탈락의 유무와 상태
② 버팀대의 긴압 정도
③ 부재의 접속부, 부착부 및 교차부의 상태
④ 침하의 정도

08.

외부비계에 가설통로가 설치되어 있다. 이러한 가설통로의 설치기준 3가지를 쓰시오.

➡️**해답** ① 견고한 구조로 할 것
② 경사는 30° 이하로 할 것. 다만, 계단을 설치하거나 높이 2미터 미만의 가설통로로서 튼튼한 손잡이를 설치한 경우에는 그러하지 아니하다.
③ 경사가 15°를 초과하는 경우에는 미끄러지지 아니하는 구조로 할 것
④ 추락할 위험이 있는 장소에는 안전난간을 설치할 것. 다만, 작업상 부득이한 경우에는 필요한 부분만 임시로 해체할 수 있다.
⑤ 수직갱에 설치된 가설된 통로의 길이가 15m 이상인 경우에는 10m 이내마다 계단참을 설치할 것
⑥ 건설공사에 사용하는 높이 8m 이상인 비계다리에는 7m 이내마다 계단참을 설치할 것

건설안전산업기사 2019년 2회(A형)

01.

콘크리트 타설작업 시 준수사항 2가지를 쓰시오.

➡️**해답** 1. 작업을 시작하기 전에 콘크리트타설장비를 점검하고 이상을 발견하였으면 즉시 보수할 것
2. 건축물의 난간 등에서 작업하는 근로자가 호스의 요동·선회로 인하여 추락하는 위험을 방지하기 위하여 안전난간 설치 등 필요한 조치를 할 것
3. 콘크리트타설장비의 붐을 조정하는 경우에는 주변의 전선 등에 의한 위험을 예방하기 위한 적절한 조치를 할 것
4. 작업 중에 지반의 침하나 아웃트리거 등 콘크리트타설장비 지지구조물의 손상 등에 의하여 콘크리트타설장비가 넘어질 우려가 있는 경우에는 이를 방지하기 위한 적절한 조치를 할 것

02.

계단 및 계단참의 설치기준이다. 빈칸을 채우시오.

(1) 계단 및 계단참을 설치하는 때에는 (①) 이상의 하중에 견딜 수 있는 강도를 가진 구조로 할 것
(2) 높이 3m를 초과하는 계단에는 높이 (②) 이내마다 너비 (③) 이상의 계단참을 설치할 것
(3) 바닥 면으로부터 높이 (④) 이내의 공간에 장애물이 없도록 할 것

➡️**해답** ① 500kg/m² ② 3m ③ 1.2m ④ 2m

03.
동영상은 3가지 안전대의 사진을 보여준다. 다음 각 물음에 대한 답을 쓰시오.

(1) 1번(그네식 안전대)이 2번(벨트식 안전대)에 비해 장점인 이유를 한 가지 쓰시오.
(2) 3번 사진에 자동 잠금장치가 있는 것을 보여준다. 안전대 명칭을 쓰시오.

해답 (1) 추락할 때 받는 충격 하중을 신체 곳곳에 분산시켜 충격을 최소화한다.
     (2) 추락 방지대

04.
사진은 항타기, 항발기 작업을 보여주고 있다. 무너짐 방지 조치사항에 대한 다음 물음에 답을 쓰시오.

(1) 아웃트리거 · 받침 등 지지구조물이 미끄러질 우려가 있는 경우의 조치사항을 쓰시오.
(2) 버팀대만으로 할 때의 조치사항을 쓰시오.
(3) 연약한 지반에 설치하는 경우 조치사항을 쓰시오.

해답 (1) 말뚝 또는 쐐기 등으로 고정
     (2) 버팀대는 3개 이상으로 하고 그 하단 부분은 견고한 버팀 · 말뚝 또는 철골 등으로 고정
     (3) 아웃트리거 · 받침 등 지지구조물의 침하를 방지하기 위하여 버팀목이나 깔판 등을 사용

05.
동영상은 작업자가 가스 용접하는 장면을 보여준다. 가스 용기를 운반하는 경우 준수사항을 4가지 쓰시오.

해답 ① 용기의 온도를 섭씨 40도 이하로 유지할 것
    ② 전도의 위험이 없도록 할 것
    ③ 충격을 가하지 않도록 할 것
    ④ 운반하는 경우에는 캡을 씌울 것
    ⑥ 용해 아세틸렌의 용기는 세워 둘 것

06.
"보통" 작업을 하는 지하실의 작업조도 기준은?

해답 150럭스 이상

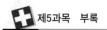

07.
동영상을 참조하여 비계 조립·해체 시 조치사항 3가지를 쓰시오.

해답 ① 근로자가 관리감독자의 지휘에 따라 작업하도록 할 것
② 조립·해체 또는 변경의 시기·범위 및 절차를 그 작업에 종사하는 근로자에게 주지시킬 것
③ 조립·해체 또는 변경 작업구역에는 해당 작업에 종사하는 근로자가 아닌 사람의 출입을 금지하고 그 내용을 보기 쉬운 장소에 게시할 것
④ 비, 눈, 그 밖의 기상상태의 불안정으로 날씨가 몹시 나쁜 경우에는 그 작업을 중지시킬 것
⑤ 비계 재료의 연결·해체 작업을 하는 경우에는 폭 20센티미터 이상의 발판을 설치하고 근로자로 하여금 안전대를 사용하도록 하는 등 추락을 방지하기 위한 조치를 할 것
⑥ 재료·기구 또는 공구 등을 올리거나 내리는 경우에는 근로자가 달줄 또는 달포대 등을 사용하게 할 것

08.
백호가 흄관을 1줄 걸이로 인양하여 매설하고 있으며, 흄관 바로 밑에 작업 근로자 2명이 있고 인양 중 흄관이 작업자에게 떨어져 다리가 끼인다. 준수사항을 2가지 쓰시오

해답 ① 화물 인양 시 양끝 등 2군데 이상을 묶어서 인양한다.
② 신호수를 배치하여 작업하고, 주변에 근로자의 출입을 금지한다.

건설안전산업기사 2019년 2회(B형)

01.
흙막이 지보공 설치작업을 보여주고 있다. 흙막이 지보공 정기점검 사항 2가지를 쓰시오.

해답 ① 부재의 손상·변형·부식·변위 및 탈락의 유무와 상태
② 버팀대의 긴압 정도
③ 부재의 접속부, 부착부 및 교차부의 상태
④ 침하의 정도

02.
추락방호망의 설치기준을 쓰시오.

해답 ① 추락방호망의 설치위치는 작업면으로부터 가능한 한 가까운 지점에 설치하여야 하며, 작업면으로부터 망의 설치지점까지의 거리는 10m를 초과하지 아니할 것
② 추락방호망은 수평으로 설치하고, 망의 처짐은 단변 길이의 12% 이상이 되도록 할 것
③ 건축물 바깥쪽으로 설치하는 경우에 망의 내민 길이는 벽면으로부터 3m 이상 되도록 할 것

03.

건설현장에서 철골작업 시 작업을 중지하여야 하는 기후조건 3가지를 쓰시오.

[해답] ① 풍속이 초당 10m 이상인 경우
② 강우량이 시간당 1mm 이상인 경우
③ 강설량이 시간당 1cm 이상인 경우

04.

말비계 조립·설치 준수사항 3가지를 쓰시오.

[동영상 설명]
작업자가 말비계에 올라서서 브러시로 페인트 작업을 하고 있다.

[해답] ① 지주부재의 하단에는 미끄럼 방지장치를 하고, 근로자가 양측 끝부분에 올라서서 작업하지 않도록 할 것
② 지주부재와 수평면의 기울기를 75도 이하로 하고, 지주부재와 지주부재 사이를 고정시키는 보조부재를 설치할 것
③ 말비계의 높이가 2m를 초과하는 경우에는 작업발판의 폭을 40cm 이상으로 할 것

05.

흙막이벽에 구멍을 뚫어 철근을 넣고 있는 동영상이다. 공법의 명칭과 동영상에서 보여준 계측기의 종류와 용도를 쓰시오.

[해답] ① 명칭 : 어스앵커 공법
② 계측기
　• 종류 : 하중계
　• 용도 : 버팀대 또는 어스앵커에 설치하여 축하중의 변화 상태를 측정

06.

비계 설치·해체 시 필요한 작업발판의 폭 및 재해예방대책에 대하여 쓰시오

[해답] 1) 작업발판의 폭 : 20cm 이상
2) 재해예방대책
① 관리감독자의 지휘에 따라 작업하도록 할 것
② 조립·해체 또는 변경의 시기·범위 및 절차를 그 작업에 종사하는 근로자에게 주지시킬 것
③ 조립·해체 또는 변경 작업구역에는 해당 작업에 종사하는 근로자가 아닌 사람의 출입을 금지하고 그 내용을 보기 쉬운 장소에 게시할 것
④ 비, 눈, 그 밖의 기상상태의 불안정으로 날씨가 몹시 나쁜 경우에는 그 작업을 중지시킬 것

⑤ 비계재료의 연결·해체작업을 하는 경우에는 폭 20cm 이상의 발판을 설치하고 근로자로 하여금
안전대를 사용하도록 하는 등 추락을 방지하기 위한 조치를 할 것
⑥ 재료·기구 또는 공구 등을 올리거나 내리는 경우에는 근로자가 달줄 또는 달포대 등을 사용하게 할 것

07.
리프트가 넘어지거나, 붕괴될 수 있는 원인 2가지를 쓰시오

해답 ① 연약한 지반에 설치
② 최대 적재하중을 초과

08.
시스템비계의 설치기준에 관한 사항이다. 다음 (   )를 채우시오.

> 시스템 비계에서 비계 밑단의 수직재와 받침철물은 밀착되도록 설치하고, 수직재와 받침철물 연결부의 겹침
> 길이는 받침철물 전체길이의 (   )이 되도록 할 것

해답 3분의 1(1/3)

건설안전산업기사 2019년 4회

01.
다짐작업 후에 쓰이는 장비로, 쇠로 만든 바퀴가 앞뒤에 하나씩 있는 건설기계는?

해답 탠덤 롤러

02.
동영상은 굴착작업 현장을 보여주고 있다. (1) 모래 구배기준과 (2) 굴착작업 시 토사등의 붕괴 또는
낙하에 의하여 근로자에게 위험이 발생할 경우를 위한 대책 2가지를 쓰시오.

해답 (1) 모래 1 : 1.8
(2) 대책 : 1. 흙막이 지보공의 설치, 2. 방호망의 설치, 3. 근로자의 출입금지

03.

근로자가 대리석 판을 들고 사다리를 타고 올라가 작업 발판에 서서 대리석 판을 힘들게 내려놓고, 불안하게 내려온 후 갑자기 아파한다. 추락 재해 발생을 일으키는 불안전한 상태 3가지를 쓰시오.

해답 ① 작업발판 단부에 안전난간 미설치
② 근로자가 외부비계 위 작업장으로 이동할 수 있는 승강설비, 가설계단 미설치
③ 외부비계 위 통로에 대리석 자재가 적치되어 안전통로 미확보

04.

동영상에서 보여주고 있는 바닥 개구부나 가설 구조물의 단부에 추락위험을 방지하기 위해 설치해야 하는 안전난간의 구조 및 설치요건을 (   ) 안에 써 넣으시오.

1. 안전난간은 (①), (②), (③) 및 (④)으로 구성한다.
2. (①)는 바닥면 발판 또는 경사로의 표면으로부터 (⑤) 이상 지점에 설치하고, 상부 난간대를 (⑥) 이하에 설치하는 경우에 (②)는 (①)와 바닥면 등의 중간에 설치하여야 하며, (⑥) 이상 지점에 설치하는 경우에는 (②)를 2단 이상으로 균등하게 설치하고 난간의 상하 간격은 60cm 이하가 되도록 한다. 다만, 계단의 개방된 측면에 설치된 난간기둥 간의 간격이 25cm 이하인 경우에는 중간 난간대를 설치하지 아니할 수 있다.
3. (③)은 바닥면 등으로부터 (⑦) 이상의 높이를 유지한다.

해답 ① 상부 난간대　② 중간 난간대　③ 발끝막이판　④ 난간기둥
⑤ 90cm　⑥ 120cm　⑦ 10cm

05.

콘크리트 타설작업을 하기 위하여 콘크리트타설장비 이용 작업 시 준수사항 3가지를 쓰시오.

해답 1. 작업을 시작하기 전에 콘크리트타설장비를 점검하고 이상을 발견하였으면 즉시 보수할 것
2. 건축물의 난간 등에서 작업하는 근로자가 호스의 요동·선회로 인하여 추락하는 위험을 방지하기 위하여 안전난간 설치 등 필요한 조치를 할 것
3. 콘크리트타설장비의 붐을 조정하는 경우에는 주변의 전선 등에 의한 위험을 예방하기 위한 적절한 조치를 할 것
4. 작업 중에 지반의 침하나 아웃트리거 등 콘크리트타설장비 지지구조물의 손상 등에 의하여 콘크리트타설장비가 넘어질 우려가 있는 경우에는 이를 방지하기 위한 적절한 조치를 할 것

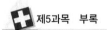

O6.
어떤 장비를 사용하여 콘크리트 믹서 트럭의 바퀴를 물로 닦고 있다. 이 장비의 이름과 용도를 쓰시오.

해답 • 이름 : 세륜기
• 용도 : 바퀴의 분진, 토사 제거

O7.
사다리식 통로의 설치기준 3가지를 쓰시오

해답 1. 견고한 구조로 할 것
2. 심한 손상·부식 등이 없는 재료를 사용할 것
3. 발판의 간격은 일정하게 할 것
4. 발판과 벽과의 사이는 15cm 이상의 간격을 유지할 것
5. 폭은 30cm 이상으로 할 것
6. 사다리가 넘어지거나 미끄러지는 것을 방지하기 위한 조치를 할 것
7. 사다리의 상단은 걸쳐놓은 지점으로부터 60cm 이상 올라가도록 할 것
8. 사다리식 통로의 길이가 10m 이상인 경우에는 5m 이내마다 계단참을 설치할 것
9. 사다리식 통로의 기울기는 75도 이하로 할 것. 다만, 고정식 사다리식 통로의 기울기는 90도 이하로 하고, 그 높이가 7m 이상인 경우에는 바닥으로부터 높이가 2.5m되는 지점부터 등받이울을 설치할 것
10. 접이식 사다리 기둥은 사용 시 접히거나 펼쳐지지 않도록 철물 등을 사용하여 견고하게 조치할 것

O8.
다음 보기의 ( )에 알맞은 말이나 숫자를 쓰시오.

(1) 비계기둥에는 미끄러지거나 침하하는 것을 방지하기 위하여 밑받침 철물을 사용하거나 (①) 등을 사용하여 밑둥잡이를 설치하는 등의 조치를 할 것
(2) 비계기둥의 간격은 띠장 방향에서는 (②)m, 장선 방향에서는 (③)m 이하로 할 것
(3) 띠장간격은 (④)m 이하로 설치할 것
(4) 비계기둥의 최고부로부터 (⑤)m되는 지점 밑부분의 비계기둥은 (⑥)개의 강관으로 묶어 세울 것
(5) 비계기둥 간의 적재하중은 (⑦)kg을 초과하지 아니하도록 할 것

해답 ① 버팀목이나 깔판   ② 1.85   ③ 1.5   ④ 2   ⑤ 31   ⑥ 2   ⑦ 400

건설안전산업기사 2020년 1회(A형)

O1.
굴착작업 시 토석이 붕괴되는 원인을 외적 원인과 내적 원인으로 구분할 때 외적 원인에 해당하는 사항을 4가지만 쓰시오.

[해답] ① 사면, 법면의 경사 및 기울기의 증가
② 절토 및 성토 높이의 증가
③ 공사에 의한 진동 및 반복하중의 증가
④ 지표수 및 지하수의 침투에 의한 토사 중량의 증가
⑤ 지진, 차량 구조물의 하중작용
⑥ 토사 및 암석의 혼합층 두께

O2.
산업안전보건법상 조도기준 4가지를 쓰시오.

[해답] ① 초정밀작업 : 750럭스 이상
② 정밀작업 : 300럭스 이상
③ 보통작업 : 150럭스 이상
④ 기타작업 : 75럭스 이상

O3.
콘크리트 타설작업을 하기 위하여 콘크리트타설장비 이용 작업 시 준수사항 3가지를 쓰시오.

[해답] 1. 작업을 시작하기 전에 콘크리트타설장비를 점검하고 이상을 발견하였으면 즉시 보수할 것
2. 건축물의 난간 등에서 작업하는 근로자가 호스의 요동·선회로 인하여 추락하는 위험을 방지하기 위하여 안전난간 설치 등 필요한 조치를 할 것
3. 콘크리트타설장비의 붐을 조정하는 경우에는 주변의 전선 등에 의한 위험을 예방하기 위한 적절한 조치를 할 것
4. 작업 중에 지반의 침하나 아웃트리거 등 콘크리트타설장비 지지구조물의 손상 등에 의하여 콘크리트타설장비가 넘어질 우려가 있는 경우에는 이를 방지하기 위한 적절한 조치를 할 것

04.
이동식 고소작업대를 이동할 때 준수사항 2가지를 쓰시오.

[해답] ① 작업대를 가장 낮게 하강시킬 것
② 작업대를 상승시킨 상태에서 작업자를 태우고 이동하지 말 것(다만, 이동 중 전도 등의 위험예방을 위하여 유도하는 사람을 배치하고 짧은 구간을 이동하는 경우에는 예외)
③ 이동통로의 요철상태 또는 장애물의 유무 등을 확인할 것

05.
크레인을 이용하여 화물을 내리는 작업을 할 때, 크레인 운전자가 준수해야 할 사항 2가지를 쓰시오.

[해답] ① 신호수의 지시에 따라 작업 실시
② 내리는 화물이 흔들리지 않도록 천천히 작업할 것

06.
살수차 살수목적 1가지를 쓰시오.

[해답] 분진비산 방지

07.
아파트 건설현장에서 자재운반 영상을 보여주고 있다. 위와 같이 건설현장에서 화물의 낙하·비래 위험이 있는 경우 조치해야 할 사항 2가지를 쓰시오.

[해답] ① 낙하물 방지망 설치
② 출입금지구역의 설정
③ 방호선반 설치
④ 작업자 안전모 착용

08.
지게차로 화물을 운반하는 사진이다. 화물 적재 시 준수하여야 할 사항 3가지를 쓰시오.

[해답] ① 하중이 한쪽으로 치우치지 않도록 적재할 것
② 운전자의 시야를 가리지 않도록 화물을 적재할 것
③ 화물을 적재할 경우에는 최대적재량 초과 금지

건설안전산업기사 2020년 2회(A형)

01.
작업자가 이동식 비계를 사용하여 작업을 하고 있다. 이동식 비계의 조립기준 3가지를 쓰시오.

해답 ① 이동식 비계의 바퀴에는 뜻밖의 갑작스러운 이동 또는 전도를 방지하기 위하여 브레이크·쐐기 등으로 바퀴를 고정시킨 다음 비계의 일부를 견고한 시설물에 고정하거나 아웃트리거(outrigger)를 설치하는 등 필요한 조치를 할 것
② 승강용 사다리는 견고하게 설치할 것
③ 비계의 최상부에서 작업을 할 경우에는 안전난간을 설치할 것
④ 작업발판은 항상 수평을 유지하고 작업발판 위에서 안전난간을 딛고 작업을 하거나 받침대 또는 사다리를 사용하여 작업하지 않도록 할 것
⑤ 작업발판의 최대 적재하중은 250kg을 초과하지 않도록 할 것

02.
동영상은 흙막이(어스앵커) 시공화면을 보여준다. 흙막이 구조물에서 사용되는 계측기기의 종류를 2가지 쓰시오.

해답 ① 지표침하계 : 흙막이벽 배면에 동결심도보다 깊게 설치하여 지표면 침하량 측정
② 지중경사계 : 흙막이벽 배면에 설치하여 토류벽의 기울어짐 측정
③ 하중계 : Strut, Earth Anchor에 설치하여 축하중 측정으로 부재의 안정성 여부 판단
④ 간극수압계 : 굴착, 성토에 의한 간극수압의 변화 측정
⑤ 균열측정기 : 인접구조물, 지반 등의 균열부위에 설치하여 균열크기와 변화를 측정
⑥ 변형률계 : Strut, 띠장 등에 부착하여 굴착작업 시 구조물의 변형을 측정
⑦ 지하수위계 : 굴착에 따른 지하수위 변동을 측정

03.
낙하물방지망 설치기준이다. 다음 (   ) 안에 알맞은 내용을 쓰시오.

• 낙하물 방지망 설치높이는 (①)m 이내마다 설치하고, 내민 길이는 벽면으로부터 (②)m 이상으로 할 것
• 수평면과의 각도는 (③)도 이상 (④)도 이하를 유지할 것

해답 ① 10　　② 2　　③ 20　　④ 30

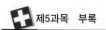

04.

동영상은 철근을 인력으로 운반하는 모습이다. 이와 같은 운반작업을 할 때 주의하여야 할 사항을 3가지 쓰시오.

해답 ① 1인당 무게는 25kg 정도가 적절하며, 무리한 운반을 삼가야 한다.
② 2인 이상이 1조가 되어 어깨메기로 하여 운반하는 등 안전을 도모하여야 한다.
③ 운반할 때에는 양 끝을 묶어 운반하여야 한다.
④ 내려놓을 때에는 천천히 내려놓고 던지지 않아야 한다.
⑤ 공동 작업을 할 때에는 신호에 따라 작업을 하여야 한다.

05.

발파작업 시 조치사항에 대한 설명이다. 다음 빈칸을 채우시오.

- 전기뇌관에 의한 경우 조치사항 : 발파모선을 점화기에서 떼어 그 끝을 단락시켜 놓는 등 재점화되지 않도록 조치하고 그 때부터 (①)분 이상 경과한 후가 아니면 화약류의 장전장소에 접근시키지 않도록 할 것
- 전기뇌관 외의 것에 의한 경우 조치사항 : 점화한 때부터 (②)분 이상 경과한 후가 아니면 화약류의 장전장소에 접근시키지 않도록 할 것

해답 ① 5 ② 15

06.

크레인을 이용하여 화물을 내리는 작업을 할 때, 크레인 운전자가 준수해야 할 사항 2가지를 쓰시오.

해답 ① 신호수의 지시에 따라 작업 실시
② 내리는 화물이 흔들리지 않도록 천천히 작업할 것

07.

사진에서와 같은 강관비계의 설치기준에 대하여 다음 ( )안에 알맞은 내용을 써 넣으시오.

- 비계기둥의 간격은 띠장 방향에서는 (①)m 이하
- 첫 번째 띠장은 지상으로부터 (②)m 이하의 위치에 설치할 것
- 장선 방향에서는 (③)m 이하로 할 것

해답 ① 1.85 ② 2 ③ 1.5

08.
동영상은 백호 2대가 서 있고 주변에 전기줄이 있으며 작업자 2명이 버킷 밑에서 작업을 하는 내용이다. 위험요소 2가지를 쓰시오.

해답 ① 작업반경 내 근로자 접근으로 충돌, 협착 위험
② 콘크리트 타설 시 백호 버켓 연결부 탈락으로 인한 버켓 낙하 위험
③ 붐을 조정할 때 주변 전선 등에 의한 감전 위험

건설안전산업기사 2020년 2회(B형)

01.
작업발판 및 통로의 끝이나 개구부로서 근로자가 추락할 위험이 있는 장소에 설치해야 하는 방호 조치 2가지를 쓰시오.

해답 ① 안전난간 설치
② 안전대 착용
③ 추락방지용 추락방호망 설치

02.
이와 같은 흙막이 지보공을 설치한 때에 정기적으로 점검하여 이상 발견 시 즉시 보수하여야 하는 사항을 3가지 쓰시오.

해답 ① 부재의 손상·변형·부식·변위 및 탈락의 유무와 상태
② 버팀대의 긴압의 정도
③ 부재의 접속부·부착부 및 교차부의 상태
④ 침하의 정도

03.
터널공사 계측방법 3가지를 쓰시오.

해답 ① 내공변위 측정　② 천단침하 측정　③ 록볼트 측정

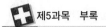

04.
차량계 하역운반기계 등의 수리 또는 부속장치의 장착 및 해체작업을 하는 때에 작업시작 전 조치사항을 2가지 쓰시오.

해답 ① 안전지지대 또는 안전블록 등의 사용상황 등을 점검할 것
② 작업순서를 결정하고 작업을 지휘할 것
③ 작업계획서를 작성할 것
④ 원동기를 정지시키고 브레이크를 확실히 거는 등 갑작스러운 주행을 방지하기 위한 조치를 할 것

05.
배수구조물 설치를 위한 터파기 작업이 진행 중이다. 지반의 기울기 기준을 모래, 연암 및 풍화암, 경암, 그 밖의 흙에 대하여 쓰시오.

지반의 종류	기울기
모래	(①)
연암 및 풍화암	(②)
경암	(③)
그 밖의 흙	(④)

해답 ① 1 : 1.8, ② 1 : 1.0, ③ 1 : 0.5, ④ 1 : 1.2

06.
가설통로의 설치 시 준수사항 4가지를 쓰시오.

해답 ① 견고한 구조로 할 것
② 경사는 30° 이하로 할 것. 다만, 계단을 설치하거나 높이 2미터 미만의 가설통로로서 튼튼한 손잡이를 설치한 경우에는 그러하지 아니하다.
③ 경사가 15°를 초과하는 경우에는 미끄러지지 아니하는 구조로 할 것
④ 추락할 위험이 있는 장소에는 안전난간을 설치할 것. 다만, 작업상 부득이한 경우에는 필요한 부분만 임시로 해체할 수 있다.
⑤ 수직갱에 가설된 통로의 길이가 15m 이상인 경우에는 10m 이내마다 계단참을 설치할 것
⑥ 건설공사에 사용하는 높이 8m 이상인 비계다리에는 7m 이내마다 계단참을 설치할 것

07.
강관틀비계 조립 시 준수 사항 3가지를 쓰시오.

해답 ① 비계기둥의 밑둥에는 밑받침 철물을 사용하여야 하며 밑받침에 고저차(高低差)가 있는 경우에는 조절형 밑받침철물을 사용하여 각각의 강관틀 비계가 항상 수평 및 수직을 유지하도록 할 것
② 높이가 20m를 초과하거나 중량물의 적재를 수반하는 작업을 할 경우 주틀 간의 간격을 1.8m 이하로 할 것
③ 주틀 간에 교차 가새를 설치하고 최상층 및 5층 이내마다 수평재를 설치할 것
④ 수직방향으로 6m, 수평방향으로 8m 이내마다 벽이음을 할 것
⑤ 길이가 띠장 방향으로 4m 이하이고 높이가 10m를 초과하는 경우에는 10m 이내마다 띠장 방향으로 버팀기둥을 설치할 것

08.
교류아크 용접기로 상수도관 연결부위를 용접하는 동영상을 보여주고 있다. 이와 같은 용접작업을 할 때 근로자가 착용한 보호구의 종류 3가지와 용접기의 방호장치를 쓰시오.

해답 ① 착용 보호구
　　ㄱ 용접용 보안면
　　ㄴ 용접용 안전장갑
　　ㄷ 용접용 앞치마
② 방호장치 : 자동전격방지기

건설안전산업기사 2020년 3회(A형)

01.
동영상은 아파트 단지 내에서 하수관로 매설작업을 수행하고 있는 전경을 보여주고 있다. 동영상을 참고하여 ① 재해형태, ② 기인물, ③ 방지조치 사항을 쓰시오.

해답 ① 끼임(협착)
② 흄관
③ 신호수를 배치하고 긴 자재 인양 시 2줄 걸이를 하여 작업한다.

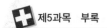

02.
동영상은 철근을 인력으로 운반하는 모습이다. 이와 같은 운반작업을 할 때 주의하여야 할 사항을 3가지 쓰시오.

➡해답 ① 1인당 무게는 25kg 정도가 적절하며, 무리한 운반을 삼가야 한다.
② 2인 이상이 1조가 되어 어깨메기로 하여 운반하는 등 안전을 도모하여야 한다.
③ 운반할 때에는 양 끝을 묶어 운반하여야 한다.
④ 내려놓을 때에는 천천히 내려놓고 던지지 않아야 한다.
⑤ 공동 작업을 할 때에는 신호에 따라 작업을 하여야 한다.

03.
공사용 가설도로 설치 시 준수사항 4가지를 쓰시오.

➡해답 ① 도로는 장비와 차량이 안전하게 운행할 수 있도록 견고하게 설치할 것
② 도로와 작업장이 접하여 있을 경우에는 울타리 등을 설치할 것
③ 도로는 배수를 위하여 경사지게 설치하거나 배수시설을 설치할 것
④ 차량의 속도제한 표지를 부착할 것

04.
가설통로와 외부비계가 설치되어 있다. 강관비계와 작업발판의 미비점을 3가지 쓰시오.

➡해답 ① 작업발판 단부에 안전난간 미설치
② 가설통로에 손잡이 미설치
③ 수직방망 미설치
④ 적정 간격의 벽이음 미설치

05.
사진은 공사현장에 설치된 임시 전력시설이다. 전기기계·기구의 감전 위험이 있는 충전전로 부분에 대하여 감전을 예방하기 위한 조치사항을 2가지 쓰시오.

해답 ① 충전부가 노출되지 않도록 폐쇄형 외함이 있는 구조로 할 것
② 충전부에 충분한 절연효과가 있는 방호망 또는 절연덮개를 설치할 것
③ 충전부는 내구성이 있는 절연물로 완전히 덮어 감쌀 것
④ 발전소·변전소 및 개폐소 등 구획되어 있는 장소로서 관계 근로자가 아닌 사람의 출입이 금지되는 장소에 충전부를 설치하고, 위험표시 등의 방법으로 방호를 강화할 것
⑤ 전주 위 및 철탑 위 등 격리되어 있는 장소로서 관계 근로자가 아닌 사람이 접근할 우려가 없는 장소에 충전부를 설치할 것
⑥ 노출 충전부가 있는 맨홀 또는 지하실 등의 밀폐공간에서 작업하는 경우에는 노출 충전부와의 접촉으로 인한 전기위험을 방지하기 위하여 덮개, 울타리 또는 절연 칸막이 등을 설치할 것
⑦ 감전위험을 방지하기 위하여 개폐되는 문, 경첩이 있는 패널 등(분전반 또는 제어반 문)을 견고하게 고정할 것

06.
가설통로의 설치 시 준수사항 4가지를 쓰시오.

해답 ① 견고한 구조로 할 것
② 경사는 30° 이하로 할 것. 다만, 계단을 설치하거나 높이 2미터 미만의 가설통로로서 튼튼한 손잡이를 설치한 경우에는 그러하지 아니하다.
③ 경사가 15°를 초과하는 경우에는 미끄러지지 아니하는 구조로 할 것
④ 추락할 위험이 있는 장소에는 안전난간을 설치할 것. 다만, 작업상 부득이한 경우에는 필요한 부분만 임시로 해체할 수 있다.
⑤ 수직갱에 가설된 통로의 길이가 15m 이상인 경우에는 10m 이내마다 계단참을 설치할 것
⑥ 건설공사에 사용하는 높이 8m 이상인 비계다리에는 7m 이내마다 계단참을 설치할 것

07.
콘크리트 타설 작업이 진행 중이다. 다음 기계명칭과 빈칸을 채우시오.

콘크리트는 신속하게 운반하여 즉시 치고, 충분히 다져야 한다. 비비기로부터 치기가 끝날 때까지의 시간은 원칙적으로 외기온도가 (①)도씨를 넘었을 때는 (②)시간을, (③)도씨 이하일 때는 (④)시간을 넘어서는 안 된다.

해답 (1) 명칭 : 콘크리트 믹서 트럭
(2) 빈칸 : ① 25   ② 1.5   ③ 25   ④ 2

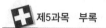

08.
이와 같은 흙막이 지보공을 설치한 때에 정기적으로 점검하여 이상 발견 시 즉시 보수하여야 하는 사항을 3가지 쓰시오.

➡해답 ① 부재의 손상·변형·부식·변위 및 탈락의 유무와 상태
② 버팀대의 긴압의 정도
③ 부재의 접속부·부착부 및 교차부의 상태
④ 침하의 정도

건설안전산업기사 2020년 3회(B형)

01.
발파를 위해 장약작업을 하는 모습을 보여주고 있다. 이와 같은 장약작업 시 주의사항 3가지를 쓰시오.

➡해답 ① 화약이나 폭약을 장전하는 경우에는 그 부근에서 화기를 사용하거나 흡연을 하지 않도록 할 것
② 장전구(裝塡具)는 마찰·충격·정전기 등에 의한 폭발의 위험이 없는 안전한 것을 사용할 것
③ 발파공의 충진재료는 점토·모래 등 발화성 또는 인화성의 위험이 없는 재료를 사용할 것

02.
지게차로 화물을 운반하는 사진이다. 화물 적재 시 준수하여야 할 사항 3가지를 쓰시오.

➡해답 ① 하중이 한쪽으로 치우치지 않도록 적재할 것
② 운전자의 시야를 가리지 않도록 화물을 적재할 것
③ 화물을 적재할 경우에는 최대적재량 초과 금지

03.
가설통로의 설치 시 준수사항 4가지를 쓰시오.

해답 ① 견고한 구조로 할 것
② 경사는 30° 이하로 할 것. 다만, 계단을 설치하거나 높이 2미터 미만의 가설통로로서 튼튼한 손잡이를 설치한 경우에는 그러하지 아니하다.
③ 경사가 15°를 초과하는 경우에는 미끄러지지 아니하는 구조로 할 것
④ 추락할 위험이 있는 장소에는 안전난간을 설치할 것. 다만, 작업상 부득이한 경우에는 필요한 부분만 임시로 해체할 수 있다.
⑤ 수직갱에 가설된 통로의 길이가 15m 이상인 경우에는 10m 이내마다 계단참을 설치할 것
⑥ 건설공사에 사용하는 높이 8m 이상인 비계다리에는 7m 이내마다 계단참을 설치할 것

04.
이러한 항타기·항발기 작업 시 무너짐 방지를 위한 준수사항 3가지를 쓰시오.

해답 ① 연약한 지반에 설치하는 경우에는 아웃트리거·받침 등 지지구조물의 침하를 방지하기 위하여 버팀목이나 깔판 등을 사용할 것
② 시설 또는 가설물 등에 설치하는 경우에는 그 내력을 확인하고 내력이 부족하면 그 내력을 보강할 것
③ 아웃트리거·받침 등 지지구조물이 미끄러질 우려가 있는 경우에는 말뚝 또는 쐐기 등을 사용하여 해당 지지구조물을 고정시킬 것
④ 궤도 또는 차로 이동하는 항타기 또는 항발기에 대해서는 불시에 이동하는 것을 방지하기 위하여 레일 클램프(rail clamp) 및 쐐기 등으로 고정시킬 것
⑤ 상단 부분은 버팀대·버팀줄로 고정하여 안정시키고, 그 하단 부분은 견고한 버팀·말뚝 또는 철골 등으로 고정시킬 것

05.
동영상을 보고 ① 재해종류, ② 재해발생원인, ③ 해결방법을 각각 1가지씩 쓰시오.

[동영상]
타워크레인이 화물을 1줄걸이로 인양해서 올리고 있고, 하부에 근로자가 턱끈을 매지 않은 채 양중 작업을 보지 못하고 지나가는 중에 화물이 탈락하며 근로자에게 떨어짐

해답 ① 재해종류 : 낙하
② 원인
ㄱ 화물 인양 시 1줄걸이로 하여 화물이 무게 중심을 잃고 낙하
ㄴ 작업 반경 내 출입금지 구역을 설정하지 않아 근로자 접근
③ 대책
ㄱ 화물 인양 시 2줄걸이로 하여 화물을 인양한다.
ㄴ 작업 반경 내 출입금지구역을 설정한다.

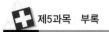

06.
타워크레인의 방호장치를 2가지 쓰시오.

➡해답 ① 권과방지장치
② 과부하방지장치
③ 비상정지장치
④ 브레이크 장치
⑤ 훅해지장치

07.
동영상에서 보여주고 있는 바닥 개구부나 가설 구조물의 단부에서 추락위험을 방지하기 위해 설치해야 하는 안전난간의 구조 및 설치요건을 (　　)에 써 넣으시오.

- 안전난간은 (①), (②), (③) 및 (④)으로 구성한다.
- (①)은 바닥면 발판 또는 경사로의 표면으로부터 (⑤) 이상 지점에 설치하고, 상부난간대를 (⑥) 이하에 설치하는 경우에는 (②)는 (①)와 바닥면 등의 중간에 설치하여야 하며, (⑥) 이상 지점에 설치하는 경우에는 (②)를 2단 이상으로 균등하게 설치하고 난간의 상하 간격은 60cm 이하가 되도록 한다. 다만, 계단의 개방된 측면에 설치된 난간기둥 간의 간격이 25cm 이하인 경우에는 중간 난간대를 설치하지 아니할 수 있다.
- (③)은 바닥면 등으로부터 (⑦) 이상의 높이를 유지한다.

➡해답 ① 상부 난간대　　② 중간 난간대
③ 발끝막이판　　④ 난간기둥
⑤ 90cm　　⑥ 120cm
⑦ 10cm

08.
동영상은 아파트 건설현장에서 작업하던 근로자가 추락하는 장면을 보여주고 있다. 이동식 비계에서의 재해를 방지하기 위해 설치해야 하는 사항을 3가지 쓰시오.

➡해답 ① 비계의 최상부에서 작업을 하는 경우에는 안전난간을 설치할 것
② 승강용 사다리는 견고하게 설치할 것
③ 이동식비계의 바퀴에는 뜻밖의 갑작스러운 이동 또는 전도를 방지하기 위하여 브레이크・쐐기 등으로 바퀴를 고정시킨 다음 비계의 일부를 견고한 시설물에 고정하거나 아웃트리거(Outrigger)를 설치하는 등 필요한 조치를 할 것

건설안전산업기사 2020년 4회(A형)

01.
작업자가 건물 외측에 설치한 낙하물방지망을 보수하고 있다. 이와 같이 낙하물방지망을 설치할 때 작업자가 착용해야 하는 보호구(①) 및 설치기준에 대하여 (　) 에 알맞은 단어를 써 넣으시오.

- 높이 (②)m 이내마다 설치하고, 내민 길이는 벽면으로부터 (③)m 이상으로 할 것
- 수평면과의 각도는 (④) 이하를 유지할 것

➡️**해답** ① 안전대　② 10　③ 2　④ 20~30°

02.
흙막이 지보공 설치 후 정기적으로 점검하고, 이상이 발견된 경우 즉시 보수해야 할 사항을 3가지 쓰시오.

➡️**해답** ① 부재의 손상·변형·부식·변위 및 탈락의 유무와 상태
② 버팀대의 긴압의 정도
③ 부재의 접속부·부착부 및 교차부의 상태
④ 침하의 정도
⑤ 흙막이 공사의 계측관리

03.
양중기에 사용하는 부적격한 와이어로프의 사용금지 사항으로 (　) 에 알맞은 말을 넣으시오.

- 와이어로프의 한 가닥에서 소선의 수가 (①)% 이상 절단된 것
- 지름의 감소가 공칭지름의 (②)%를 초과하는 것

➡️**해답** ① 10　② 7

04.
콘크리트 타설작업을 하기 위하여 콘크리트타설장비 이용 작업 시 준수사항 3가지를 쓰시오.

➡️**해답** 1. 작업을 시작하기 전에 콘크리트타설장비를 점검하고 이상을 발견하였으면 즉시 보수할 것
2. 건축물의 난간 등에서 작업하는 근로자가 호스의 요동·선회로 인하여 추락하는 위험을 방지하기 위하여 안전난간 설치 등 필요한 조치를 할 것

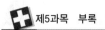

3. 콘크리트타설장비의 붐을 조정하는 경우에는 주변의 전선 등에 의한 위험을 예방하기 위한 적절한 조치를 할 것
4. 작업 중에 지반의 침하나 아웃트리거 등 콘크리트타설장비 지지구조물의 손상 등에 의하여 콘크리트타설장비가 넘어질 우려가 있는 경우에는 이를 방지하기 위한 적절한 조치를 할 것

05.
철골상부에서 작업을 하다가 추락한다. 추락방지 대책을 2가지 쓰시오.

➡해답 ① 안전난간 설치
② 안전대 착용
③ 추락방지용 추락방호망 설치

06.
타워크레인을 해체하는 동영상을 보여주고 있다. 크레인이 짐을 한줄 걸이로 들고 있고 트럭 위에 짐을 싣는 도중 작업자가 올라가려다 놀라며 내려오고 있으며, 다른 작업자는 돌 같은 것을 잡고 내리고 있고 안전모를 착용하지 않았다. 해체작업 시 안전상 미비점 2가지를 쓰시오.

➡해답 ① 낙하위험구간에 출입금지 미조치
② 화물을 1줄 걸이로 인양하여 낙하위험
③ 작업자 안전모의 턱끈 미체결
④ 신호수 미배치

07.
작업자가 손수레에 모래를 가득 싣고 리프트를 이용하여 운반하기 위해 손수레를 운전하던 중 리프트 개구부에서 추락하는 사고가 발생하였다. 이때 건설용 리프트 방호장치의 종류 2가지를 쓰시오.

➡해답 권과방지장치, 과부하방지장치, 비상정지장치, 낙하방지장치

08.
화면 속 영상을 참고하여 시설이나 행동상의 미비점 3가지를 쓰시오.

[동영상 설명]
건물 공사현장에서 작업자가 캔음료를 마신다. 다른 작업자가 건설용 리프트를 타고 올라가는 모습을 고개 내밀어 쳐다보는데 그냥 올라간다. 음료를 마시던 작업자는 바닥에 캔을 버리고 외부비계를 타고 올라가다 추락한다. 이때 작업자는 안전모를 착용하였지만 안전모의 턱끈은 풀려 있다.

➡해답 ① 안전대 미착용
　　② 추락방호망 미설치
　　③ 비계상에 사다리 및 비계다리 등 승강시설 미설치

건설안전산업기사 2020년 4회(B형)

01.
전기기계·기구 또는 전로 등의 충전부분에 접촉 시 감전방지대책 3가지를 쓰시오.

➡해답 ① 충전부가 노출되지 않도록 폐쇄형 외함이 있는 구조로 할 것
　　② 충전부에 충분한 절연효과가 있는 방호망 또는 절연덮개를 설치할 것
　　③ 충전부는 내구성이 있는 절연물로 완전히 덮어 감쌀 것
　　④ 발·변전소 및 개폐소 등 구획되어 있는 장소로서 관계근로자가 아닌 사람의 출입이 금지되는 장소에
　　　충전부를 설치하고 위험표시 등의 방법으로 방호를 강화할 것
　　⑤ 전주 위 및 철탑 위 등 격리되어 있는 장소로서 관계근로자가 아닌 사람이 접근할 우려가 없는 장소에 충전부
　　　를 설치할 것

02.
추락방호망 설치 기준에 알맞게 (　　)를 채우시오.

- 추락방호망의 설치위치는 가능하면 작업면으로부터 가까운 지점에 설치하여야 하며, 작업면으로부터 망의
　설치지점까지의 수직거리는 (①)m를 초과하지 아니할 것
- 추락방호망은 수평으로 설치하고, 망의 처짐은 짧은 변 길이의 (②)% 이상이 되도록 할 것
- 건축물 등의 바깥쪽으로 설치하는 경우 추락방호망의 내민 길이는 벽면으로부터 (③)m 이상 되도록 할 것

➡해답 ① 10　② 12　③ 3

03.

경사면에서 백호로 굴착작업을 하는 동영상을 보여주고 있다. 굴착작업 시 토사등의 붕괴 또는 낙하를 방지하기 위해 작업 시작 전 점검해야 할 사항을 2가지 쓰시오.

➡해답 ① 형상·지질 및 지층의 상태
② 균열·함수·용수 및 동결의 유무 또는 상태
③ 매설물 등의 유무 또는 상태
④ 지반의 지하수위 상태

04.

철골공사 시 작업을 중지해야 하는 기상조건을 쓰시오. (단, 단위를 명확히 쓰시오.)

➡해답

구분	내용
강풍	풍속 10m/sec 이상
강우	1시간당 강우량이 1mm 이상
강설	1시간당 강설량이 1cm 이상

05.

교량 하부 점검작업 중 추락재해가 발생하였다. 위와 같은 상황에서 작업발판을 설치할 경우 발판의 폭과 틈의 기준은?

➡해답 ① 작업발판의 폭 : 40cm 이상
② 틈 : 3cm 이하

06.

위와 같은 건설현장에서 화물의 낙하·비래 위험이 있는 경우 조치해야 할 사항 2가지를 쓰시오.

➡해답 ① 낙하물 방지망 설치
② 출입금지구역의 설정
③ 방호선반 설치
④ 작업자의 안전모 착용 지시

07.

터널 건설작업 중 낙반 등에 의하여 근로자에게 위험을 미칠 우려가 있을 때 조치할 수 있는 사항을 3가지 쓰시오.

해답 ① 터널지보공 설치
② 록볼트 설치
③ 부석의 제거
④ 방호망 설치

08.

사진에 보이는 건설기계의 명칭과 역할을 쓰시오.

해답 ① 명칭 : 모터그레이더(Motor Grader)
② 역할 : 땅 고르기, 정지작업, 도로정리

건설안전산업기사 2021년 1회(A형)

O1.
사업주가 추락할 위험이 있는 높이 2m 이상의 장소에서 근로자에게 착용시켜야 하는 보호구는 무엇인가?

➡**해답** 안전대

O2.
화면 속 영상에서 불도저를 통한 작업을 보여 주고 있다. 이 건설기계의 용도 4가지를 쓰시오.

➡**해답** ① 운반작업
② 적재작업
③ 지반정지
④ 굴착작업

O3.
건설현장에 폭설이나 한파가 왔을 때 조치사항 3가지를 쓰시오.

➡**해답** ① 가시설 및 가설구조물 위의 쌓인 눈 제거
② 통로 청소 등으로 미끄럼 방지조치 실시
③ 근로자 건강장해 예방

04.

화면 속 영상에서는 작업자가 리프트를 타고 손수레로 흙을 운반하고 있다. 리프트에서 내려 흙을 붓고 뒤로 가다가 리프트 개구부로 추락하였다. 이와 같은 재해를 방지하기 위한 조치사항 2가지를 쓰시오.

➡해답 ① 리프트 개구부에 추락방지용 안전난간 설치
② 리프트 개구부에 수직형 추락방망 설치

05.

낙하물방지망 설치기준 관련해서 다음 사항을 쓰시오.

① 높이	② 수평면과의 각도	③ 내민길이

➡해답 ① 높이 : 10m 이내
② 수평면과의 각도 : 20도 이상 30도 이하
③ 내민길이 : 벽면으로부터 2m 이상

06.

화면 속 영상을 참고하여 관련된 불안전한 행동이나 상태를 3가지 쓰시오.

[동영상 설명]
어두운 터널 내 고소 작업대 상부와 하부에서 동시 작업 중이고 신호수나 작업지휘자가 보이지 않는다.

➡해답 ① 조도 미확보
② 상하부 동시작업 금지
③ 신호수 및 작업지휘자 미배치
④ 작업대 위 추락방지조치 미실시

07.

화면 속 영상을 참고하여 이와 관련된 재해발생 위험요인 3가지를 쓰시오.

[동영상 설명]
작업자가 엘리베이터 Pit 내부에서 거푸집 작업을 하던 중 작업발판이 탈락된다. 이어 작업자가 추락한다.

➡해답 ① 작업발판의 미고정으로 인한 발판 탈락 및 추락위험
② 안전대 부착설비 미설치 및 작업자 안전대 미착용으로 인한 추락위험
③ 엘리베이터 피트 내부의 추락방호망 미설치로 인한 추락위험

08.
권상용 와이어로프의 사용을 금지하는 것 3가지를 쓰시오.

해답 ① 이음매가 있는 것
② 와이어로프의 한 꼬임에서 끊어진 소선의 수가 10% 이상인 것
③ 지름의 감소가 공칭지름의 7%를 초과하는 것
④ 꼬인 것
⑤ 심하게 변형되거나 부식된 것
⑥ 열과 전기충격에 의해 손상된 것

건설안전산업기사 2021년 1회(B형)

01.
분전반 사용 용도에 의한 설치방법 2가지를 쓰시오.

해답 ① 매입형
② 반매입형
③ 노출벽부형
④ 자립형

02.
화면 속 영상은 고속도로 위 교량 가설현장을 보여 주고 있다. 이와 같은 교량에서 고소작업 시 안전시설 2가지를 쓰시오.

해답 ① 작업발판 설치
② 추락방호망 설치 및 안전대 착용

03.
철골공사 시 작업을 중지해야 하는 기상조건을 쓰시오. (단, 단위를 명확히 쓰시오)

구분	내용
강풍	풍속 (①) 이상
강우	1시간당 강우량이 (②) 이상
강설	1시간당 강설량이 (③)이상

➡해답 ① 10m/sec　　② 1mm　　③ 1cm

04.
클램프 체결 시 준수사항 2가지를 쓰시오.

➡해답 ① 클램프는 부재를 수평으로 하는 두 곳의 위치에 사용하여야 하며 부재 양단 방향은 등간격이어야 한다.
② 부득이 한 군데만을 사용할 때는 위험이 적은 장소로서 간단한 이동하는 경우에 한하여야 하며 부재길이의 1/3지점을 기준으로 하여야 한다.
③ 두 곳을 매어 인양시킬 때 와이어로프의 내각은 60도 이하이어야 한다.
④ 클램프의 정격용량 이상 매달지 않아야 한다.
⑤ 체결작업 중 클램프 본체가 장애물에 부딪히지 않게 주의하여야 한다.
⑥ 클램프의 작동상태를 점검한 후 사용하여야 한다.

05.
산업안전보건기준에 관한 규칙에 따라서, 동바리 설치 중 파이프 받침의 조립 시 준수사항 관련하여 (　　)를 채우시오.

1. 파이프서포트를 (①)개 이상 이어서 사용하지 않도록 할 것
2. 파이프서포트를 이어서 사용하는 경우에는 (②)개 이상의 볼트 또는 전용철물을 사용하여 이을 것
3. 높이가 3.5m를 초과한 경우에는 높이 (③)m 이내마다 수평연결재 2개 방향으로 만들고 수평연결재의 변위를 방지할 것

➡해답 ① 3　　② 4　　③ 2

○6.
산업안전보건기준에 관한 규칙에 따라, 권상용 와이어로프의 사용을 금지하는 것 3가지를 쓰시오.

━━ 해답 ① 이음매가 있는 것
        ② 와이어로프의 한 꼬임에서 끊어진 소선의 수가 10% 이상인 것
        ③ 지름의 감소가 공칭지름의 7%를 초과하는 것
        ④ 꼬인 것
        ⑤ 심하게 변형되거나 부식된 것
        ⑥ 열과 전기충격에 의해 손상된 것

○7.
산업안전보건기준에 관한 규칙에 따른, 둥근톱 방호장치 2가지를 쓰시오.

━━ 해답 ① 반발 예방장치
        ② 톱날접촉 예방장치

○8.
사진에 보이는 건설기계의 ① 명칭을 쓰고, 이와 같은 차량계 건설기계를 사용하여 작업할 때 작성하
여야 하는 ② 작업계획 포함 내용을 2가지만 쓰시오.

━━ 해답 ① 명칭 : 모터그레이더(Motor Grader)
        ② 작업계획 포함 내용
          • 사용하는 차량계 건설기계의 종류 및 능력
          • 차량계 건설기계의 운행경로
          • 차량계 건설기계에 의한 작업방법

건설안전산업기사 2021년 2회(A형)

01.
양중기에 사용하는 부적격한 와이어로프의 사용금지 사항으로 (   )에 알맞은 말을 넣으시오.

1. 와이어로프의 한 가닥에서 소선의 수가 (①)% 이상 절단된 것
2. 지름의 감소가 공칭지름의 (②)%를 초과하는 것

➡해답 ① 10   ② 7

02.
교량 가설작업 현장에서 고소작업 시 추락방지대책 2가지를 쓰시오.

➡해답 ① 작업발판 설치
② 추락방호망 설치
③ 안전대 착용

03.
타워 크레인을 사용하여 걸이작업을 하는 경우 준수사항을 3가지를 쓰시오.

➡해답 ① 와이어로프 등은 크레인의 후크 중심에 걸어야 한다.
② 인양 물체의 안정을 위하여 2줄 걸이 이상을 사용하여야 한다.
③ 밑에 있는 물체를 걸고자 할 때는 위의 물체를 제거한 후에 행하여야 한다.
④ 매다는 각도는 60도 이내로 하여야 한다.
⑤ 근로자를 매달린 물체 위에 탑승시키지 않아야 한다.

04.
가연성 물질이 있는 장소에서 화재위험작업을 하는 경우, 화재예방에 필요한 준수사항 3가지를 쓰시오.

➡해답 ① 작업 준비 및 작업 절차 수립
② 작업장 내 위험물의 사용·보관 현황 파악
③ 화기 작업에 따른 인근 가연성 물질에 대한 방호조치 및 소화기구 비치
④ 용접불티 비산방지덮개, 용접방화포 등 불꽃, 불티 등 비산방지조치
⑤ 인화성 액체의 증기 및 인화성 가스가 남아 있지 않도록 환기 등의 조치
⑥ 작업근로자에 대한 화재예방 및 피난교육 등 비상조치

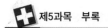

05.
사업주가 추락할 위험이 있는 높이 2m 이상의 장소에서 근로자에게 착용시켜야 하는 보호구는 무엇인가?

해답 안전대

06.
콘크리트 타설작업을 하기 위하여 콘크리트타설장비 이용 작업 시 준수사항 3가지를 쓰시오.

해답
1. 작업을 시작하기 전에 콘크리트타설장비를 점검하고 이상을 발견하였으면 즉시 보수할 것
2. 건축물의 난간 등에서 작업하는 근로자가 호스의 요동·선회로 인하여 추락하는 위험을 방지하기 위하여 안전난간 설치 등 필요한 조치를 할 것
3. 콘크리트타설장비의 붐을 조정하는 경우에는 주변의 전선 등에 의한 위험을 예방하기 위한 적절한 조치를 할 것
4. 작업 중에 지반의 침하나 아웃트리거 등 콘크리트타설장비 지지구조물의 손상 등에 의하여 콘크리트타설장비가 넘어질 우려가 있는 경우에는 이를 방지하기 위한 적절한 조치를 할 것

07.
철골공사 시 작업을 중지해야 하는 기상조건을 쓰시오. (단, 단위를 명확히 쓰시오)

구분	내용
강풍	풍속 (①) 이상
강우	1시간당 강우량이 (②) 이상
강설	1시간당 강설량이 (③) 이상

해답 ① 10m/sec   ② 1mm   ③ 1cm

08.
비가 올 경우 빗물 등의 침투에 의한 붕괴재해를 예방하기 위하여 사업주가 이행하여야 하는 조치사항 2가지를 쓰시오.

해답 ① 측구 설치
② 굴착사면에 비닐보강

건설안전산업기사 2021년 2회(B형)

01.
가스용기가 발생기와 분리되어 있는 아세틸렌 용접장치에 대하여 발생기와 가스용기 사이에 설치하여야 하는 설비는?

해답 안전기

02.
추락방지를 위한 안전난간의 구성요소를 3가지 쓰시오.

해답 ① 상부 난간대
② 중간 난간대
③ 발끝막이판
④ 난간기둥

03.
낙하물방지망 관련 ( )를 채우시오. (단, 단위 정확하게 쓰시오)

1. 설치각도 : 수평면과의 각도는 (①)
2. 설치 간격 : 높이 (②) 마다 설치
3. 내민 길이 : 벽면으로부터 (③)

해답 ① 20° 이상 30° 이하　　　② 10m 이내　　　③ 2m 이상

04.
흙막이 지보공 정기 점검 사항 3가지를 쓰시오.

해답 ① 부재의 손상·변형·부식·변위 및 탈락의 유무와 상태
② 버팀대의 긴압의 정도
③ 부재의 접속부 부착부 및 교차부의 상태
④ 침하의 정도

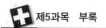

05.
분전반의 사용 용도에 의한 설치방법 2가지를 쓰시오.

➡해답 ① 매입형
② 반매입형
③ 노출벽부형
④ 자립형

06.
용접·용단 작업하는 경우 화재감시자를 지정하여 배치해야 하는 장소 3가지를 적으시오.

➡해답 ① 작업반경 11m 이내에 건물구조 자체나 내부(개구부 등으로 개방된 부분을 포함한다)에 가연성 물질이 있는 장소
② 작업반경 11m 이내의 바닥 하부에 가연성 물질이 11m 이상 떨어져 있지만, 불꽃에 의해 쉽게 발화될 우려가 있는 장소
③ 가연성 물질이 금속으로 된 칸막이·벽·천장 또는 지붕의 반대쪽 면에 인접해 있어 열전도나 열복사에 의해 발화될 우려가 있는 장소

07.
건설현장에 폭설이나 한파가 왔을 때 조치사항 3가지를 쓰시오.

➡해답 ① 가시설 및 가설구조물 위의 쌓인 눈 제거
② 통로 청소 등으로 미끄럼 방지조치 실시
③ 근로자 건강장해 예방

08.
화면 속 영상의 설명을 참고하여 관련 사고원인 3가지를 쓰시오.

[동영상 설명]
작업자는 지게차로 화물을 높게 들고 이동한다. 이때 자재가 흔들리고 결국 작업자와 충돌한다.

➡해답 ① 작업 지휘자 미배치
② 관계 작업자 외 출입금지 미실시
③ 화물 과다적재로 운전자의 시야를 가림

건설안전산업기사 2021년 4회(A형)

01.
화면에는 낙하물 방지망이 설치되어있는 모습을 보여 주고 있다. 이러한 낙하물 방지망의 설치기준 2가지를 쓰시오.

➡해답 ① 첫 단은 가능한 한 낮게 설치하고, 설치 간격은 매 10m 이내
② 비계 외측으로 2m 이상 내밀어 설치하고 각도는 20~30°
③ 내민 길이는 비계 외측으로부터 수평거리 2.0m 이상
④ 방지망의 가장자리는 테두리 로프를 그물코마다 엮어 긴결하며, 긴결재의 강도는 100kgf 이상
⑤ 방지망과 방지망 사이의 틈이 없도록 방지망의 겹침폭은 30cm 이상
⑥ 최하단의 방지망은 크기가 작은 못·볼트·콘크리트 덩어리 등의 낙하물이 떨어지지 못하도록 방지망 위에 그물코 크기가 0.3cm 이하인 망을 추가로 설치

02.
2m 높이의 비계에서 추락을 방지하기 위해 가장 우선하여 설치해야 할 안전시설물 1가지를 쓰시오.

➡해답 추락방지용 방망

03.
터널 굴착작업 시 자동경보장치에 대해 당일 작업 시작 전에 점검하고 이상 발견 시 즉시 보수해야 할 사항 3가지를 쓰시오.

➡해답 ① 계기의 이상 유무
② 검지부의 이상 유무
③ 경보장치의 작동상태

04.
철골공사 시 작업을 중지해야 하는 기상조건을 쓰시오. (단, 단위를 명확히 쓰시오)

구분	내용
강풍	풍속 (①) 이상
강우	1시간당 강우량이 (②) 이상
강설	1시간당 강설량이 (③) 이상

해답 ① 10m/sec ② 1mm ③ 1cm

05.
화면 속 영상에서 보여 주는 공법의 ① 명칭과 ② 계측기의 종류 및 용도를 3가지 쓰시오.

해답 ① 공법 : 어스앵커 공법
② 계측기의 종류 및 용도
  • 하중계 : 축하중 측정으로 부재의 안정성 여부 판단
  • 지하수위계 : 지반 내 지하수위의 변화 측정
  • 지중경사계 : 지중의 수평 변위량 측정

06.
화면 속 영상에서는 압쇄기로 아파트 건물 철거 중이다. 동시에 상부에서 작업자가 물을 뿌리고 있다.
비산먼지 방지를 위한 대책 2가지를 쓰시오.

해답 ① 살수
② 방진벽 설치

07.
항타기·항발기 작업 시 무너짐 방지를 위한 준수사항 3가지를 쓰시오.

해답 ① 연약한 지반에 설치하는 경우에는 아웃트리거·받침 등 지지구조물의 침하를 방지하기 위하여 버팀목
이나 깔판 등을 사용할 것
② 시설 또는 가설물 등에 설치하는 경우에는 그 내력을 확인하고 내력이 부족하면 그 내력을 보강할 것
③ 아웃트리거·받침 등 지지구조물이 미끄러질 우려가 있는 경우에는 말뚝 또는 쐐기 등을 사용하여
해당 지지구조물을 고정시킬 것
④ 궤도 또는 차로 이동하는 항타기 또는 항발기에 대해서는 불시에 이동하는 것을 방지하기 위하여 레일
클램프(rail clamp) 및 쐐기 등으로 고정시킬 것
⑤ 상단 부분은 버팀대·버팀줄로 고정하여 안정시키고, 그 하단 부분은 견고한 버팀·말뚝 또는 철골
등으로 고정시킬 것

08.
철골구조의 앵커볼트 매립의 정밀도 관련 관련해서 (   )를 채우시오.

1. 기둥 중심은 기준선 및 인접 기둥의 중심에서 (①)mm 이상 벗어나지 않을 것
2. 인접 기둥 간의 중심거리의 오차는 (②)mm 이하일 것
3. 앵커 볼트는 기둥 중심에서 (③)mm 이상 벗어나지 않을 것
4. 베이스 플레이트의 하단은 기준 높이 및 인접 기둥의 높이에서 (④)mm 이상 벗어나지 않을 것

➡️해답 ① 5   ② 3   ③ 2   ④ 3

건설안전산업기사 2021년 4회(B형)

01.
가연성 물질이 있는 장소에서 화재위험 작업하는 경우에는 화재예방에 필요한 사업주의 준수사항 3가지를 쓰시오.

➡️해답 ① 작업 준비 및 작업 절차 수립
② 작업장 내 위험물의 사용·보관 현황 파악
③ 화기작업에 따른 인근 가연성 물질에 대한 방호조치 및 소화기구 비치
④ 용접불티 비산방지덮개, 용접방화포 등 불꽃, 불티 등 비산방지조치
⑤ 인화성 액체의 증기 및 인화성 가스가 남아 있지 않도록 환기 등의 조치
⑥ 작업근로자에 대한 화재예방 및 피난교육 등 비상조치

02.
산업안전보건법령상 동바리로 사용하는 파이프 서포트에 대한 준수사항에 관련해서 다음 ( )에 알맞은 내용을 쓰시오.

1. 파이프서포트를 (①)개 이상 이어서 사용하지 않도록 할 것
2. 파이프서포트를 이어서 사용하는 경우에는 (②)개 이상의 볼트 또는 전용철물을 사용하여 이을 것
3. 높이가 3.5m를 초과하는 경우 높이 (③)m 이내마다 수평연결재를 2개 방향으로 만들고 수평연결재의 변위를 방지할 것

➡️해답 ① 3   ② 4   ③ 2

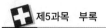

03.
화면 속 영상을 참고하여, 해당 ① 재해형태와 ② 재해 방지 대책을 2가지 쓰시오.

[동영상 설명]
작업자는 건물 외벽 낙하물 방지망 위에서 수리를 위해 지나가고 있다. 안전대를 착용하지 않았다. 불안하게
낙하물 방지망 파이프를 밟으며 이동하던 작업자는 결국 추락한다.

해답 ① 재해형태 : 떨어짐
② 재해 방지 대책
- 추락방호망 설치
- 근로자에게 안전대를 착용하고, 안전대의 부착설비에 걸도록 하기
- 안전난간 설치
- 울타리 설치
- 수직형 추락방망 설치

04.
화면 속 영상을 참고하여, 해당 상황과 관련된 불안전한 행동이나 상태를 3가지 쓰시오.

[동영상 설명]
어두운 터널 내 고소 작업대 상부와 하부에서 동시 작업 중이다. 신호수나 작업지휘자는 보이지 않는다.

해답 ① 조도 미확보
② 상하부 동시작업 금지
③ 신호수 및 작업지휘자 미배치
④ 작업대 위 추락방지조치 미실시

05.
아세틸렌 용접장치 관련해서 (   )에 알맞은 내용을 쓰시오.

사업주는 가스용기가 발생기와 분리되어있는 아세틸렌 용접장치에 대하여 발생기와 가스용기 사이에 (   )를
설치하여야 한다.

해답 안전기

06.

화물 적재 시 준수하여야 할 사항 3가지를 쓰시오.

해답 ① 하중이 한쪽으로 치우치지 않도록 적재할 것
② 운전자의 시야를 가리지 않도록 화물을 적재할 것
③ 화물을 적재할 경우에는 최대적재량 초과 금지

07.

크레인 방호장치 종류 2가지를 쓰시오.

해답 ① 과부하 방지 장치
② 권과 방지 장치
③ 비상 정지 장치
④ 제동 장치

08.

전기발파작업 시 전선은 점화하기 전에 화약류를 충전한 장소로부터 얼마 이상 떨어진 안전한 장소에서 도통시험 및 저항시험을 하여야 하는가?

해답 30m

건설안전산업기사 2022년 1회(A형)

O1.
낙하물방지망 설치 시 착용하는 보호구 및 설치기준에 대하여 빈칸 안에 알맞은 단어를 써넣으시오.

> 1) 낙하물방지망을 설치할 때 작업자는 (①)을 착용해야 한다.
> 2) 높이 (②)m 이내마다 설치하고, 내민 길이는 벽면으로부터 (③)m 이상으로 할 것
> 3) 수평면과의 각도는 (④) 이하를 유지할 것

➡해답 ① 안전대
　　　② 10
　　　③ 2
　　　④ 20~30°

O2.
산업안전보건법령상 크레인을 사용하여 작업하는 경우 사업주의 준수사항 3가지를 쓰시오.

➡해답 ① 인양한 하물(荷物)을 바닥에서 끌어당기거나 밀어내는 작업을 하지 아니할 것
　　　② 유류드럼이나 가스통 등 운반 도중에 떨어져 폭발하거나 누출될 가능성이 있는 위험물 용기는 보관함
　　　　(또는 보관고)에 담아 안전하게 매달아 운반할 것
　　　③ 고정된 물체를 직접 분리·제거하는 작업을 하지 아니할 것
　　　④ 미리 근로자의 출입을 통제하여 인양 중인 하물이 작업자의 머리 위로 통과하지 않도록 할 것
　　　⑤ 인양할 하물이 보이지 아니하는 경우에는 어떠한 동작도 하지 아니할 것(신호하는 사람에 의하여 작업
　　　　을 하는 경우는 제외한다)

03.

산업안전보건법령상 작업으로 인하여 물체가 떨어지거나 날아올 위험을 방지하기 위한 사업주의 조치 사항을 2가지 적으시오.

해답 ① 낙하물 방지망 설치
　　② 수직보호망 설치
　　③ 방호선반 설치
　　④ 출입금지구역의 설정
　　⑤ 보호구의 착용

04.

산업안전보건법령상 항타기 또는 항발기를 조립하는 경우 사업주의 점검사항 3가지를 쓰시오.

해답 ① 본체 연결부의 풀림 또는 손상의 유무
　　② 권상용 와이어로프·드럼 및 도르래의 부착상태의 이상 유무
　　③ 권상장치의 브레이크 및 쐐기장치 기능의 이상 유무
　　④ 권상기의 설치상태의 이상 유무
　　⑤ 버팀의 방법 및 고정상태의 이상 유무

05.

산업안전보건법령상 차량계 하역운반기계 등에 단위화물의 무게가 100kg 이상인 화물을 싣는 작업 또는 내리는 작업을 하는 경우에, 사업주가 해당 작업의 지휘자에게 준수하도록 해야 하는 사항 3가지를 쓰시오.

해답 ① 작업순서 및 그 순서마다의 작업방법을 정하고 작업을 지휘할 것
　　② 기구와 공구를 점검하고 불량품을 제거할 것
　　③ 해당 작업을 하는 장소에 관계 근로자가 아닌 사람이 출입하는 것을 금지할 것
　　④ 로프 풀기 작업 또는 덮개 벗기기 작업은 적재함의 화물이 떨어질 위험이 없음을 확인한 후에 하도록 할 것

06.

시스템비계의 설치기준에 관한 사항이다. 다음 빈칸을 채우시오.

> 시스템 비계에서 비계 밑단의 수직재와 받침철물은 밀착되도록 설치하고, 수직재와 받침철물 연결부의 겹침 길이는 받침철물 전체길이의 (　)이 되도록 할 것

해답 3분의 1(1/3)

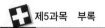

07.
산업안전보건법령상 금속의 용접·용단 또는 가열에 사용되는 가스등의 용기를 운반하는 경우에 사업주의 준수사항을 3가지 쓰시오.

➡해답 ① 전도의 위험이 없도록 할 것
② 충격을 가하지 않도록 할 것
③ 운반하는 경우에는 캡을 씌울 것

08.
철근 인력 운반 작업 시 주의사항을 3가지만 쓰시오.

➡해답 ① 1인당 무게는 25kg 정도가 적절하며, 무리한 운반을 삼가하여야 한다.
② 2인 이상이 1조가 되어 어깨메기로 하여 운반하는 등 안전을 도모하여야 한다.
③ 운반할 때에는 양 끝을 묶어 운반하여야 한다.
④ 내려놓을 때에는 천천히 내려놓고 던지지 않아야 한다.
⑤ 공동 작업을 할 때에는 신호에 따라 작업을 하여야 한다.

건설안전산업기사 2022년 1회(B형)

01.
말비계 위에서 작업하는 동영상을 보여주고 있다. 이와 같은 말비계 조립·사용 시 준수사항 3가지를 쓰시오.

➡해답 ① 지주부재의 하단에는 미끄럼 방지장치를 하고, 양측 끝부분에 올라서서 작업하지 아니하도록 할 것
② 지주부재와 수평면과의 기울기를 75° 이하로 하고, 지주부재와 지주부재 사이를 고정시키는 보조부재를 설치할 것
③ 말비계의 높이가 2m를 초과할 경우에는 작업발판의 폭을 40cm 이상으로 할 것

02.
산업안전보건법령상 굴착작업에 있어서 토사등의 붕괴 또는 낙하에 의하여 근로자에게 위험을 미칠 우려가 있는 경우, 그 위험을 방지하기 위한 사업주의 조치사항 3가지를 쓰시오.

➡️해답 ① 흙막이 지보공의 설치
② 방호망의 설치
③ 근로자의 출입 금지 등

03.
보호구를 착용하지 않은 작업자가 건설용 리프트를 이용하여 자재를 운반하는 장면을 보여주고 있다. 동영상을 참고하여 불안전한 행동 및 불안전한 상태 3가지를 쓰시오.

➡️해답 ① 작업자가 탑승대기 중 안전난간 및 문밖으로 머리를 내밀어 리프트 위치를 확인하는 등 협착위험
② 자재의 운반방법 불량에 의한 화물의 낙하위험
③ 리프트의 출입문이 열린 상태에서 리프트를 운행하여 추락 및 낙하위험
④ 탑승자가 마스트 중심 쪽으로 탑승하여 추락위험

04.
산업안전보건법령상 분전함 설치 시 충전부분에 대하여, 사업주가 해야하는 방호 조치를 쓰시오.

➡️해답 ① 충전부가 노출되지 않도록 폐쇄형 외함이 있는 구조로 할 것
② 충전부에 충분한 절연효과가 있는 방호망이나 절연덮개를 설치할 것
③ 충전부는 내구성이 있는 절연물로 완전히 덮어 감쌀 것
④ 발전소·변전소 및 개폐소 등 구획되어 있는 장소로서 관계 근로자가 아닌 사람의 출입이 금지되는 장소에 충전부를 설치하고, 위험표시 등의 방법으로 방호를 강화할 것
⑤ 전주 위 및 철탑 위 등 격리되어 있는 장소로서 관계 근로자가 아닌 사람이 접근할 우려가 없는 장소에 충전부를 설치할 것

05.
산업안전보건법령상 콘크리트 펌프 또는 콘크리트타설장비 사용시 사업주의 준수사항 2가지를 쓰시오.

➡️해답 1. 작업을 시작하기 전에 콘크리트타설장비를 점검하고 이상을 발견하였으면 즉시 보수할 것
2. 건축물의 난간 등에서 작업하는 근로자가 호스의 요동·선회로 인하여 추락하는 위험을 방지하기 위하여 안전난간 설치 등 필요한 조치를 할 것
3. 콘크리트타설장비의 붐을 조정하는 경우에는 주변의 전선 등에 의한 위험을 예방하기 위한 적절한 조치를 할 것

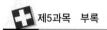

4. 작업 중에 지반의 침하나 아웃트리거 등 콘크리트타설장비 지지구조물의 손상 등에 의하여 콘크리트타설장비가 넘어질 우려가 있는 경우에는 이를 방지하기 위한 적절한 조치를 할 것

06.
강관틀비계 조립 시 준수 사항 3가지를 쓰시오.

해답 ① 비계기둥의 밑둥에는 밑받침 철물을 사용하여야 하며 밑받침에 고저차(高低差)가 있는 경우에는 조절형 밑받침철물을 사용하여 각각의 강관틀 비계가 항상 수평 및 수직을 유지하도록 할 것
② 높이가 20m를 초과하거나 중량물의 적재를 수반하는 작업을 할 경우 주틀 간의 간격을 1.8m 이하로 할 것
③ 주틀 간에 교차 가새를 설치하고 최상층 및 5층 이내마다 수평재를 설치할 것
④ 수직방향으로 6m, 수평방향으로 8m 이내마다 벽이음을 할 것
⑤ 길이가 띠장 방향으로 4m 이하이고 높이가 10m를 초과하는 경우에는 10m 이내마다 띠장 방향으로 버팀기둥을 설치할 것

07.
산업안전보건법령상 작업으로 인하여 물체가 떨어지거나 날아올 위험을 방지하기 위한 사업주의 설치해야 하는 가설시설물을 2가지 적으시오.

해답 ① 낙하물 방지망
② 수직보호망
③ 방호선반

08.
작업에 필요한 최소 산소농도와 호흡용 보호구 1종류를 쓰시오.

해답 ① 최소 산소농도 : 18%
② 호흡용 보호구 : 공기호흡기, 송기마스크

건설안전산업기사 2022년 2회(A형)

01.
산업안전보건법령상 크레인을 사용하여 작업을 하는 경우 사업주의 준수사항 3가지를 쓰시오.

> **해답** ① 인양할 하물(荷物)을 바닥에서 끌어당기거나 밀어내는 작업을 하지 아니할 것
> ② 유류 드럼이나 가스통 등 운반 도중에 떨어져 폭발하거나 누출될 가능성이 있는 위험물 용기는 보관함 (또는 보관고)에 담아 안전하게 매달아 운반할 것
> ③ 고정된 물체를 직접 분리·제거하는 작업을 하지 아니할 것
> ④ 미리 근로자의 출입을 통제하여 인양 중인 하물이 작업자의 머리 위로 통과하지 않도록 할 것
> ⑤ 인양할 하물이 보이지 아니하는 경우에는 어떠한 동작도 하지 아니할 것(신호하는 사람에 의하여 작업을 하는 경우는 제외한다)

02.
산업안전보건법령상 채석작업을 하는 경우에 붕괴 또는 낙하에 의하여 근로자를 위험하게 할 우려가 있는 경우, 위험을 방지하기 위하여 필요한 사업주의 조치사항을 2가지만 쓰시오.

> **해답** ① 토석 등을 미리 제거한다.
> ② 방호망을 설치한다.

03.
산업안전보건법령상 이동식 비계를 조립하여 작업을 할 때 사업주의 준수사항을 3가지 쓰시오.

> **해답** ① 이동식비계의 바퀴에는 뜻밖의 갑작스러운 이동 또는 전도를 방지하기 위하여 브레이크·쐐기 등으로 바퀴를 고정시킨 다음 비계의 일부를 견고한 시설물에 고정하거나 아웃트리거(outrigger, 전도방지용 지지대)를 설치하는 등 필요한 조치를 할 것
> ② 승강용사다리는 견고하게 설치할 것
> ③ 비계의 최상부에서 작업을 하는 경우에는 안전난간을 설치할 것
> ④ 작업발판은 항상 수평을 유지하고 작업발판 위에서 안전난간을 딛고 작업을 하거나 받침대 또는 사다리를 사용하여 작업하지 않도록 할 것
> ⑤ 작업발판의 최대적재하중은 250kg을 초과하지 않도록 할 것

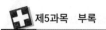

04.
산업안전보건법령상 둥근톱 방호장치 2가지를 쓰시오.

➡해답 ① 반발 예방장치
② 톱날접촉 예방장치

05.
타워 크레인을 사용하여 걸이작업을 하는 경우 준수사항을 3가지를 쓰시오.

➡해답 ① 와이어로프 등은 크레인의 후크 중심에 걸어야 한다.
② 인양 물체의 안정을 위하여 2줄 걸이 이상을 사용하여야 한다.
③ 밑에 있는 물체를 걸고자 할 때는 위의 물체를 제거한 후에 행하여야 한다.
④ 매다는 각도는 60도 이내로 하여야 한다.
⑤ 근로자를 매달린 물체 위에 탑승시키지 않아야 한다.

06.
산업안전보건법령상 강관틀비계 조립 간격 관련해서 아래 빈칸을 채우시오.

• 수직 방향 : (①)
• 수평 방향 : (②)

➡해답 ① 6
② 8

07.
산업안전보건법령상 터널 등의 건설작업을 하는 경우에 낙반 등에 의하여 근로자가 위험해질 우려가 있는 경우에 사업주의 조치사항 3가지를 쓰시오.

➡해답 ① 터널지보공 설치
② 록볼트 설치
③ 부석의 제거

08.

가설통로의 설치 시 준수사항 4가지를 쓰시오.

해답 ① 견고한 구조로 할 것
② 경사는 30° 이하로 할 것. 다만, 계단을 설치하거나 높이 2m 미만의 가설통로로서 튼튼한 손잡이를 설치한 경우에는 그러하지 아니하다.
③ 경사가 15°를 초과하는 경우에는 미끄러지지 아니하는 구조로 할 것
④ 추락할 위험이 있는 장소에는 안전난간을 설치할 것. 다만, 작업상 부득이한 경우에는 필요한 부분만 임시로 해체할 수 있다.
⑤ 수직갱에 가설된 통로의 길이가 15m 이상인 경우에는 10m 이내마다 계단참을 설치할 것
⑥ 건설공사에 사용하는 높이 8m 이상인 비계다리에는 7m 이내마다 계단참을 설치할 것

건설안전산업기사 2022년 2회(B형)

01.

화면상의 동영상을 참고하여 관련 위험요인 3가지를 쓰시오.

[동영상 설명]
안전모를 착용한 작업자 1명 이동식비계 승강용 사다리를 이용하지 않고 올라간다. 이동식 비계 바퀴가 고정되지 않아서 흔들린다. 이동식 비계 제일 위에서 각목으로 천정을 미는 작업을 하면서 이동식 비계가 흔들리고 결국엔 추락한다. 이동식 비계 제일 위에 난간은 없으며, 안전대를 착용하지 않았다.

해답 ① 근로자 안전대 미착용
② 비계의 최상부에서 작업 시 안전난간 미설치로 추락 발생
③ 작업 시작 전 이동식 비계의 바퀴 고정 유무 상태를 점검하지 않아 재해 발생

02.

철근 운반 시 주의사항을 3가지 쓰시오.

해답 ① 2개 이상 철근을 운반할 때 양 끝을 묶어 운반한다.
② 내려놓을 때에는 튕기지 않도록 던지지 말고 천천히 내려놓는다.
③ 길이가 긴 철근의 경우 2인 1조로 어깨 메기로 운반한다.

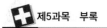

03.
추락방지를 위한 안전난간의 구성요소 명칭을 쓰시오.

해답
① 난간기둥
② 상부 난간대
③ 중간 난간대
④ 발끝막이판

04.
동영상을 참고하여, 산업안전보건법령상 동바리로 사용하는 파이프 서포트에 대해서는 안전 준수사항을 3가지 쓰시오.

[동영상 설명]
높이 3.8m의 파이프 서포트를 보여준다.

해답
① 파이프 서포트를 3개 이상 이어서 사용하지 않도록 할 것
② 파이프 서포트를 이어서 사용하는 경우에는 4개 이상의 볼트 또는 전용철물을 사용하여 이을 것
③ 높이가 3.5m를 초과하는 경우에는 높이 2m 이내마다 수평연결재를 2개 방향으로 만들고 수평연결재의 변위를 방지할 것

05.
산업안전보건법령상 비계(달비계, 달대비계 및 말비계는 제외한다)의 높이가 2m 이상인 작업장소에 작업발판 설치기준 3가지를 쓰시오.

해답
① 발판재료는 작업할 때의 하중을 견딜 수 있도록 견고한 것으로 할 것
② 작업발판의 폭은 40cm 이상으로 하고, 발판재료 간의 틈은 3cm 이하로 할 것. 다만, 외줄비계의 경우에는 고용노동부장관이 별도로 정하는 기준에 따른다.
③ 추락의 위험이 있는 장소에는 안전난간을 설치할 것. 다만, 작업의 성질상 안전난간을 설치하는 것이 곤란한 경우, 작업의 필요상 임시로 안전난간을 해체할 때에 추락방호망을 설치하거나 근로자로 하여금 안전대를 사용하도록 하는 등 추락위험 방지 조치를 한 경우에는 그러하지 아니하다.
④ 작업발판의 지지물은 하중에 의하여 파괴될 우려가 없는 것을 사용할 것
⑤ 작업발판재료는 뒤집히거나 떨어지지 않도록 둘 이상의 지지물에 연결하거나 고정시킬 것
⑥ 작업발판을 작업에 따라 이동시킬 경우에는 위험 방지에 필요한 조치를 할 것

06.
산업안전보건법령상 크레인에 설치할 방호장치의 종류 2가지를 쓰시오.

➡해답 ① 과부하 방지 장치
　　　② 권과 방지 장치
　　　③ 비상 정지 장치
　　　④ 제동 장치

07.
산업안전보건법령상 공사용 가설도로를 설치하는 경우 사업주의 준수사항 3가지를 쓰시오.

➡해답 ① 도로는 장비 및 차량이 안전하게 운행할 수 있도록 견고하게 설치할 것
　　　② 도로와 작업장이 접하여 있을 경우에는 울타리 등을 설치할 것
　　　③ 도로는 배수를 위하여 경사지게 설치하거나 배수시설을 설치할 것
　　　④ 차량의 속도제한 표지를 부착할 것

08.
산업안전보건법령상 추락방호망의 설치기준 중 추락방호망은 수평으로 설치하고, 망의 처짐은 짧은 변 길이의 몇 % 이상이 되도록 해야 하는지 쓰시오.

➡해답 12

건설안전산업기사 2022년 4회(A형)

01.
동영상에서 보여지는 차량계건설기계의 명칭과 기능을 1가지만 쓰시오.

[동영상 설명]
쇠로 만든 바퀴가 앞뒤에 하나씩 있다.

➡해답 • 명칭 : 탠덤 롤러 (Tandem Roller)
　　　• 기능 : 다짐작업

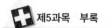

02.
동영상에서 보여지는 목재가공용 둥근톱 기계 사용 시 재해발생 요인 2가지와 누전차단기를 반드시 설치해야 하는 장소 1개소를 쓰시오.

⟶해답 (1) 재해발생 원인
　　　　① 분할날 반발예방장치 미설치
　　　　② 톱날접촉 예방장치 미설치
　　　　③ 작업 시 장갑 착용
　　　(2) 누전차단기 설치장소
　　　　① 물 등 도전성이 높은 액체에 의한 습윤 장소
　　　　② 철판·철골 위 등 도전성이 높은 장소
　　　　③ 임시배선의 전로가 설치되는 장소

03.
낙하물방지망을 설치할 때 작업자가 착용해야 하는 보호구 및 설치기준에 대하여 빈칸 안에 알맞은 단어를 써 넣으시오.

1) 낙하물방지망을 설치할 때 작업자는 (①)을/를 착용할 것
2) 높이 (②)m 이내마다 설치하고, 내민 길이는 벽면으로부터 (③)m 이상으로 할 것
3) 수평면과의 각도는 (④) 이하를 유지할 것

⟶해답 ① 안전대
　　　　② 10
　　　　③ 2
　　　　④ 20~30°

04.
산업안전보건법령상 흙막이 지보공 정기 점검사항 3가지를 쓰시오.

⟶해답 ① 부재의 손상·변형·부식·변위 및 탈락의 유무와 상태
　　　　② 버팀대의 긴압의 정도
　　　　③ 부재의 접속부 부착부 및 교차부의 상태
　　　　④ 침하의 정도

05.
산업안전보건법령상 작업발판 및 통로의 끝이나 개구부에 추락방지를 위해서 사업주의 조치사항을 3가지 쓰시오.

해답
① 안전난간 설치
② 울타리 설치
③ 수직형 추락 방망 설치
④ 덮개 설치
⑤ 추락방호망 설치

06.
동영상은 파이프서포트를 사용한 거푸집동바리이다. 다음 빈칸 안에 알맞은 내용을 쓰시오.

> (1) 파이프 서포트를 (①)개 이상 이어서 사용하지 않도록 할 것
> (2) 파이프 서포트를 이어서 사용하는 경우에는 4개 이상의 볼트 또는 (②)을(를) 사용하여 이을 것
> (3) 파이프 서포트는 높이가 (③)m 초과 시 수평연결재를 연결할 것
> (4) 파이프 서포트는 높이 (④)m 이내마다 수평연결재를 (⑤)개 방향으로 만들고 수평연결재의 변위방지
> 할 것

해답
① 3
② 전용철물
③ 3.5
④ 2
⑤ 2

07.
건설공사도급인은 동영상과 같은 건설공사 중에 가설구조물의 붕괴 등 산업재해가 발생할 위험이 있다고 판단되면 건축 토목 분야의 전문가의 의견을 들어 건설공사 발주자에게 해당 건설공사의 설계변경을 요청할 수 있는데, 이러한 가설구조물의 기준을 2가지만 쓰시오.

해답
① 높이 31m 이상인 비계
② 작업발판 일체형 거푸집 또는 높이 5m 이상인 거푸집 동바리[타설된 콘크리트가 일정 강도에 이르기까지 하중 등을 지지하기 위하여 설치하는 부재]
③ 터널의 지보공 또는 높이 2m 이상인 흙막이 지보공
④ 동력을 이용하여 움직이는 가설구조물

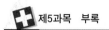

08.

화면에 보이는 작업발판 설치기준 3가지를 쓰시오.

⇒해답 ① 발판재료는 작업할 때의 하중을 견딜 수 있도록 견고한 것으로 할 것
② 작업발판의 폭은 40cm 이상으로 하고, 발판재료 간의 틈은 3cm 이하로 할 것
③ 추락의 위험성이 있는 장소에는 안전난간을 설치할 것

건설안전산업기사 2022년 4회(B형)

01.

산업안전보건법령상 휴대용 동력기구 사용 시 감전재해 예방 관련한 근로사의 이행사항을 3가지만 쓰시오. (단, 개인보호구 착용 관련 사항은 제외)

⇒해답 ① 근로자가 착용하거나 취급하고 있는 도전성 공구·장비 등이 노출 충전부에 닿지 않도록 할 것
② 근로자가 사다리를 노출 충전부가 있는 곳에서 사용하는 경우에는 도전성 재질의 사다리를 사용하지 않도록 할 것
③ 근로자가 젖은 손으로 전기기계·기구의 플러그를 꽂거나 제거하지 않도록 할 것
④ 근로자가 전기회로를 개방, 변환 또는 투입하는 경우에는 전기 차단용으로 특별히 설계된 스위치, 차단기 등을 사용하도록 할 것
⑤ 차단기 등의 과전류 차단장치에 의하여 자동 차단된 후에는 전기회로 또는 전기기계·기구가 안전하다는 것이 증명되기 전까지는 과전류 차단장치를 재투입하지 않도록 할 것

02.

산업안전보건법령상 거푸집동바리등을 조립하는 경우에는 준수해야 하는 안전조치사항에 대하여 3가지 쓰시오.

⇒해답 1. 받침목이나 깔판의 사용, 콘크리트 타설, 말뚝박기 등 동바리의 침하를 방지하기 위한 조치를 할 것
2. 동바리의 상하 고정 및 미끄러짐 방지 조치를 할 것
3. 상부·하부의 동바리가 동일 수직선상에 위치하도록 하여 깔판·받침목에 고정시킬 것
4. 개구부 상부에 동바리를 설치하는 경우에는 상부하중을 견딜 수 있는 견고한 받침대를 설치할 것
5. U헤드 등의 단판이 없는 동바리의 상단에 멍에 등을 올릴 경우에는 해당 상단에 U헤드 등의 단판을 설치하고, 멍에 등이 전도되거나 이탈되지 않도록 고정시킬 것
6. 동바리의 이음은 같은 품질의 재료를 사용할 것
7. 강재의 접속부 및 교차부는 볼트·클램프 등 전용철물을 사용하여 단단히 연결할 것
8. 거푸집의 형상에 따른 부득이한 경우를 제외하고는 깔판이나 받침목은 2단 이상 끼우지 않도록 할 것
9. 깔판이나 받침목을 이어서 사용하는 경우에는 그 깔판·받침목을 단단히 연결할 것

03.
산업안전보건법령상 낙하물방지망 관련한 사업주의 준수사항을 2가지만 쓰시오.

해답 ① 높이 10m 이내마다 설치하고, 내민 길이는 벽면으로부터 2m 이상으로 할 것
② 수평면과의 각도는 20도 이상 30도 이하를 유지할 것

04.
산업안전보건법령상 비가 올 경우 빗물 등의 침투에 의한 붕괴재해를 예방하기 위하여 사업주가 해야 하는 조치사항 2가지를 쓰시오.

해답 ① 측구(側溝) 설치
② 굴착경사면에 비닐 덮기

05.
산업안전보건법령상 작업장 내 자재 적재 시에 사업주의 준수사항을 3가지만 쓰시오.

해답 ① 침하 우려가 없는 튼튼한 기반 위에 적재할 것
② 건물의 칸막이나 벽 등이 화물의 압력에 견딜 만큼의 강도를 지니지 아니한 경우에는 칸막이나 벽에 기대어 적재하지 않도록 할 것
③ 불안정할 정도로 높이 쌓아 올리지 말 것
④ 하중이 한쪽으로 치우치지 않도록 쌓을 것

06.
산업안전보건법령상 금속의 용접·용단 또는 가열에 사용되는 가스등의 용기를 취급하는 경우, 사업주의 준수사항 3가지를 쓰시오.

해답 ① 용기의 온도를 40℃ 이하로 유지할 것
② 전도의 위험이 없도록 할 것
③ 충격을 가하지 않도록 할 것
④ 운반하는 경우에는 캡을 씌울 것
⑤ 사용하는 경우에는 용기의 마개에 부착되어 있는 유류 및 먼지를 제거할 것
⑥ 밸브의 개폐는 서서히 할 것
⑦ 사용 전 또는 사용 중인 용기와 그 밖의 용기를 명확히 구별하여 보관할 것
⑧ 용해아세틸렌의 용기는 세워 둘 것
⑨ 용기의 부식·마모 또는 변형상태를 점검한 후 사용할 것

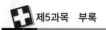

07.
동영상의 장비의 이름과 용도를 쓰시오.

> [동영상 설명]
> 콘크리트 믹서트럭의 바퀴를 물로 세척하고 있다.

⇒해답 ・장비명 : 세륜기
・용도 : 바퀴의 분진, 토사 제거

08.
산업안전보건법령상 보통작업의 경우 조도 기준을 쓰시오.

⇒해답 150 럭스 이상

01.

동영상은 아파트 단지 내에서 하수관로 매설작업을 수행하고 있는 전경을 보여주고 있다. 동영상을 참고하여 (1) 재해형태, (2) 기인물, (3) 방지조치 사항을 쓰시오.

➡해답 (1) 재해형태 : 협착
　　　 (2) 기인물 : 흄관
　　　 (3) 방지조치 : 신호수를 배치하고 긴 자재 인양 시 2줄 걸이를 하여 작업한다.

02.

동영상의 (1) 장비의 이름과 (2) 용도를 쓰시오.

➡해답 (1) 장비명 : 세륜기
　　　 (2) 용도 : 바퀴의 분진, 토사 제거

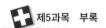

O3.
항타기·항발기 작업 시 무너짐 방지를 위한 준수사항 3가지를 쓰시오.

⟶해답 1. 연약한 지반에 설치하는 경우에는 아웃트리거·받침 등 지지구조물의 침하를 방지하기 위하여 버팀목이나 깔판 등을 사용할 것
2. 시설 또는 가설물 등에 설치하는 경우에는 그 내력을 확인하고 내력이 부족하면 그 내력을 보강할 것
3. 아웃트리거·받침 등 지지구조물이 미끄러질 우려가 있는 경우에는 말뚝 또는 쐐기 등을 사용하여 해당 지지구조물을 고정시킬 것
4. 궤도 또는 차로 이동하는 항타기 또는 항발기에 대해서는 불시에 이동하는 것을 방지하기 위하여 레일 클램프(rail clamp) 및 쐐기 등으로 고정시킬 것
5. 상단 부분은 버팀대·버팀줄로 고정하여 안정시키고, 그 하단 부분은 견고한 버팀·말뚝 또는 철골 등으로 고정시킬 것

O4.
공사용 가설도로 설치 시 준수사항 4가지를 쓰시오.

⟶해답 1. 도로는 장비와 차량이 안전하게 운행할 수 있도록 견고하게 설치할 것
2. 도로와 작업장이 접하여 있을 경우에는 울타리 등을 설치할 것
3. 도로는 배수를 위하여 경사지게 설치하거나 배수시설을 설치할 것
4. 차량의 속도제한 표지를 부착할 것

O5.
동영상에서 보여주고 있는 바닥 개구부나 가설 구조물의 단부에서 추락위험을 방지하기 위해 설치해야 하는 안전난간의 구조 및 설치요건을 (   ) 안에 적으시오.

- 안전난간은 (①), (②), (③) 및 (④)으로 구성한다.
- (①)는 바닥면 발판 또는 경사로의 표면으로부터 (⑤) 이상 지점에 설치하고, 상부난간대를 (⑥) 이하에 설치하는 경우에는 (②)는 (①)과 바닥면 등의 중간에 설치하여야 하며, (⑥) 이상 지점에 설치하는 경우에는 (②)를 2단 이상으로 균등하게 설치하고 난간의 상하 간격은 60cm 이하가 되도록 한다. 다만, 계단의 개방된 측면에 설치된 난간기둥 간의 간격이 25cm 이하인 경우에는 중간 난간대를 설치하지 아니할 수 있다.
- (③)은 바닥면 등으로부터 (⑦) 이상의 높이를 유지한다.

⟶해답 ① 상부 난간대, ② 중간 난간대, ③ 발끝막이판, ④ 난간기둥, ⑤ 90cm, ⑥ 120cm, ⑦ 10cm

06.

산업안전보건기준에 관한 규칙에 따라서 동바리 설치 중 파이프 받침의 조립 시 준수사항 관련하여 빈칸을 채우시오.

(1) 파이프서포트를 (①)개 이상 이어서 사용하지 않도록 할 것
(2) 파이프서포트를 이어서 사용하는 경우에는 (②)개 이상의 볼트 또는 전용철물을 사용하여 이을 것
(3) 높이가 3.5m를 초과한 경우에는 높이 (③)m 이내마다 수평연결재 2개 방향으로 만들고 수평연결재의 변위를 방지할 것

해답 ① 3, ② 4, ③ 2

07.

이동식비계 관련 설명이다. 빈칸을 채우시오.

(1) 이동식비계의 바퀴에는 뜻밖의 갑작스러운 이동 또는 전도를 방지하기 위하여 (①) 등으로 바퀴를 고정시킨 다음 비계의 일부를 견고한 시설물에 고정하거나 (②)를 설치하는 등 필요한 조치를 할 것
(2) 비계의 최상부에서 작업을 하는 경우에는 (③)을 설치할 것

해답 ① 브레이크·쐐기, ② 아웃트리거, ③ 안전난간

08.

화면 속 영상에서 보여 주는 (1) 공법의 명칭과 (2) 계측기의 종류 및 용도를 3가지 쓰시오.

해답 (1) 공법 : 어스앵커 공법
(2) 계측기의 종류 및 용도
1. 하중계 : 축하중 측정으로 부재의 안정성 여부 판단
2. 지하수위계 : 지반 내 지하수위의 변화 측정
3. 지중경사계 : 지중의 수평 변위량 측정

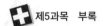

건설안전산업기사 2023년 2회

O1.
산업안전보건법령상 작업으로 인하여 물체가 떨어지거나 날아올 위험을 방지하기 위한 사업주의 조치사항 2가지를 적으시오.

해답 1. 낙하물 방지망 설치
2. 수직보호망 설치
3. 방호선반 설치
4. 출입금지구역의 설정
5. 보호구의 착용

O2.
콘크리트 타설작업을 하기 위하여 콘크리트타설장비 이용 작업 시 준수사항 3가지를 쓰시오.

해답 1. 작업을 시작하기 전에 콘크리트타설장비를 점검하고 이상을 발견하였으면 즉시 보수할 것
2. 건축물의 난간 등에서 작업하는 근로자가 호스의 요동·선회로 인하여 추락하는 위험을 방지하기 위하여 안전난간 설치 등 필요한 조치를 할 것
3. 콘크리트타설장비의 붐을 조정하는 경우에는 주변의 전선 등에 의한 위험을 예방하기 위한 적절한 조치를 할 것
4. 작업 중에 지반의 침하나 아웃트리거 등 콘크리트타설장비 지지구조물의 손상 등에 의하여 콘크리트타설장비가 넘어질 우려가 있는 경우에는 이를 방지하기 위한 적절한 조치를 할 것

O3.
화면에 보이는 작업발판 설치기준 3가지를 쓰시오.

해답 1. 발판재료는 작업할 때의 하중을 견딜 수 있도록 견고한 것으로 할 것
2. 작업발판의 폭은 40cm 이상으로 하고, 발판재료 간의 틈은 3cm 이하로 할 것
3. 추락의 위험성이 있는 장소에는 안전난간을 설치할 것

O4.
산업안전보건법령상 보통작업의 경우 조도 기준을 쓰시오.

해답 150럭스 이상

05.
화면은 이동식 크레인을 이용하여 중량물을 양중하는 장면을 보여주고 있다. 이때 건설장비의 명칭(①)과 이와 같은 장비를 사용하여 화물을 양중하는 경우 와이어로프의 안전율은 (②) 이상이어야 하는지 쓰시오.

해답 ① 명칭 : 이동식 크레인
② 안전율 : 5

06.
화면은 건설현장에 설치되어 있는 경사로를 보여주고 있다. 이와 같은 경사로를 설치할 때 경사각은 (①) 이내로 하고, 높이 (②) 이내마다 계단참을 설치하여야 하며, 경사로의 폭은 최소 (③) 이상이어야 한다.

해답 ① 30°, ② 7m, ③ 90cm

07.
동영상은 아파트 단지 내에서 하수관로 매설작업을 수행하고 있는 전경을 보여주고 있다. 동영상을 참고하여 (1) 재해형태, (2) 기인물, (3) 방지조치 사항을 쓰시오.

해답 (1) 재해형태 : 협착
(2) 기인물 : 흄관
(3) 방지조치 : 신호수를 배치하고 긴 자재 인양 시 2줄 걸이를 하여 작업한다.

08.
화면은 엄지말뚝, 토류판 및 어스앵커 구조로 된 흙막이 지보공을 보여주는 동영상이다. 흙막이 지보공의 정기점검사항 3가지를 쓰시오.

해답 1. 부재의 손상·변형·부식·변위 및 탈락의 유무와 상태
2. 버팀대의 긴압의 정도
3. 부재의 접속부·부착부 및 교차부의 상태
4. 침하의 정도

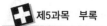

건설안전산업기사 2023년 4회

01.

가설통로를 보여주고 있다. 다음 (   ) 안에 알맞은 말을 쓰시오.

(1) 경사는 (①) 이하로 할 것
(2) 근로자가 안전하게 통행할 수 있도록 통로에 (②) 이상의 채광 또는 조명시설을 설치할 것
(3) 건설공사에 사용하는 높이 8m 이상인 비계다리에는 (③) 이내마다 계단참을 설치할 것

➡해답 ① 30°, ② 75Lux, ③ 7m

02.

산업안전보건법령상 작업으로 인하여 물체가 떨어지거나 날아올 위험을 방지하기 위한 사업주의 조치사항 2가지를 적으시오.

➡해답
1. 낙하물 방지망 설치
2. 수직보호망 설치
3. 방호선반 설치
4. 출입금지구역의 설정
5. 보호구의 착용

03.

사다리식 통로의 설치기준 3가지를 쓰시오.

➡해답
1. 견고한 구조로 할 것
2. 심한 손상·부식 등이 없는 재료를 사용할 것
3. 발판의 간격은 일정하게 할 것
4. 발판과 벽과의 사이는 15cm 이상의 간격을 유지할 것
5. 폭은 30cm 이상으로 할 것
6. 사다리가 넘어지거나 미끄러지는 것을 방지하기 위한 조치를 할 것
7. 사다리의 상단은 걸쳐놓은 지점으로부터 60cm 이상 올라가도록 할 것
8. 사다리식 통로의 길이가 10m 이상인 경우에는 5m 이내마다 계단참을 설치할 것
9. 사다리식 통로의 기울기는 75도 이하로 할 것. 다만, 고정식 사다리식 통로의 기울기는 90도 이하로 하고, 그 높이가 7m 이상인 경우에는 바닥으로부터 높이가 2.5m되는 지점부터 등받이울을 설치할 것
10. 접이식 사다리 기둥은 사용 시 접히거나 펼쳐지지 않도록 철물 등을 사용하여 견고하게 조치할 것

04.
고소작업대 이용 시 준수사항 2가지를 쓰시오.

해답 1. 작업자가 안전모·안전대 등의 보호구를 착용하도록 할 것
2. 관계자가 아닌 사람이 작업구역에 들어오는 것을 방지하기 위하여 필요한 조치를 할 것
3. 안전한 작업을 위하여 적정수준의 조도를 유지할 것
4. 전로에 근접하여 작업을 하는 경우에는 작업감시자를 배치하는 등 감전사고를 방지하기 위하여 필요한 조치를 할 것
5. 작업대를 정기적으로 점검하고 붐·작업대 등 각 부위의 이상 유무를 확인할 것
6. 전환스위치는 다른 물체를 이용하여 고정하지 말 것
7. 작업대는 정격하중을 초과하여 물건을 싣거나 탑승하지 말 것
8. 작업대의 붐대를 상승시킨 상태에서 탑승자는 작업대를 벗어나지 말 것. 다만, 작업대에 안전대 부착설비를 설치하고 안전대를 연결하였을 때에는 그러하지 아니할 것

05.
가연성 물질이 있는 장소에서 화재위험작업을 하는 경우 화재예방에 필요한 준수사항 3가지를 쓰시오.

해답 1. 작업 준비 및 작업 절차 수립
2. 작업장 내 위험물의 사용·보관 현황 파악
3. 화기 작업에 따른 인근 가연성 물질에 대한 방호조치 및 소화기구 비치
4. 용접불티 비산방지덮개, 용접방화포 등 불꽃, 불티 등 비산방지조치
5. 인화성 액체의 증기 및 인화성 가스가 남아 있지 않도록 환기 등의 조치
6. 작업근로자에 대한 화재예방 및 피난교육 등 비상조치

06.
타워 크레인을 사용하여 걸이작업을 하는 경우 준수사항 3가지를 쓰시오.

해답 1. 와이어로프 등은 크레인의 후크 중심에 걸어야 한다.
2. 인양 물체의 안정을 위하여 2줄 걸이 이상을 사용하여야 한다.
3. 밑에 있는 물체를 걸고자 할 때는 위의 물체를 제거한 후에 행하여야 한다.
4. 매다는 각도는 60도 이내로 하여야 한다.
5. 근로자를 매달린 물체 위에 탑승시키지 않아야 한다.

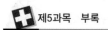

07.
콘크리트 타설작업을 하기 위하여 콘크리트타설장비 이용 작업 시 준수사항 3가지를 쓰시오.

➡해답
1. 작업을 시작하기 전에 콘크리트타설장비를 점검하고 이상을 발견하였으면 즉시 보수할 것
2. 건축물의 난간 등에서 작업하는 근로자가 호스의 요동·선회로 인하여 추락하는 위험을 방지하기 위하여 안전난간 설치 등 필요한 조치를 할 것
3. 콘크리트타설장비의 붐을 조정하는 경우에는 주변의 전선 등에 의한 위험을 예방하기 위한 적절한 조치를 할 것
4. 작업 중에 지반의 침하나 아웃트리거 등 콘크리트타설장비 지지구조물의 손상 등에 의하여 콘크리트타설장비가 넘어질 우려가 있는 경우에는 이를 방지하기 위한 적절한 조치를 할 것

08.
이동식비계 관련 설명이다. 빈칸을 채우시오.

(1) 이동식비계의 바퀴에는 뜻밖의 갑작스러운 이동 또는 전도를 방지하기 위하여 (①) 등으로 바퀴를 고정시킨 다음 비계의 일부를 견고한 시설물에 고정하거나 (②)을/를 설치하는 등 필요한 조치를 할 것
(2) 비계의 최상부에서 작업을 하는 경우에는 (③)을/를 설치할 것

➡해답 ① 브레이크·쐐기, ② 아웃트리거, ③ 안전난간

1. 강성두 외 「산업안전기사」(예문사, 2010)
2. 강성두 외 「산업안전산업기사」(예문사, 2011)
3. 강성두 「산업기계설비기술사」(예문사, 2008)
4. 한경보 「최신 건설안전기술사」(예문사, 2007)
5. 이호행 「건설안전공학 특론」(서초수도건축토목학원, 2005)
6. 한국산업안전보건공단 「거푸집동바리 안전작업 매뉴얼」(대한인쇄사, 2009)
7. 한국산업안전보건공단 「만화로 보는 산업안전·보건기준에 관한 규칙」(안전신문사, 2005)
8. 김병석 「산업안전관리」(형설출판사, 2005)
9. 이진식 「산업안전관리공학론」(형설출판사, 1996)
10. 김병석·성호경·남재수 「산업안전보건 현장실무」(형설출판사, 2000)
11. 정국삼 「산업안전공학개론」(동화기술, 1985)
12. 김병석 「산업안전교육론」(형설출판사, 1999)
13. 기도형 「(산업안전보건관리자를 위한)인간공학」(한경사, 2006)
14. 박경수 「인간공학, 작업경제학」(영지문화사, 2006)
15. 양성환 「인간공학」(형설출판사, 2006)
16. 정병용·이동경 「(현대)인간공학」(민영사, 2005)
17. 김병석·나승훈 「시스템안전공학」(형설출판사, 2006)
18. 갈원모 외 「시스템안전공학」(태성, 2000)
19. 한국콘크리트학회 「콘크리트 표준시방서」(한국콘크리트학회, 2009)
20. 대한건축학회 「건축공사 표준시방서」(기문당, 2006)
21. 대한주택공사 「공사감독 핸드북」(건설도서, 2005)
22. 남상욱 「토목시공학」(청운문화사, 2007)
23. 대한건축학회 「건축시공학」(기문당, 2010)
24. 김홍철 「건설재료학」(청문각, 2005)
25. 박승범 「최신 건설재료학」(문운당, 2010)
26. 유재명 「토질 및 기초기술사 해설」(예문사, 2007)
27. 이춘석 「토질 및 기초공학」(예문사, 2011)
28. 박필수 저 「산업안전관리론」(중앙경제사, 2005)
29. Muchinsky 지음, 유태용 옮김 「산업 및 조직심리학」(시그마프레스, 2009)

저자소개

Industrial Engineer Construction Safety

▶ 저자

신우균(申宇均)

e-mail : wooguni0905@naver.com

| 약력 |
- 공학박사(안전공학)
- 산업안전지도사, 산업보건지도사
- 산업위생관리기술사
- 대기환경기사, 토목기사, 폐기물처리기사, 산업위생관리기사, 수질환경기사

| 저서 |
- 산업안전지도사(예문사), 산업보건지도사(예문사)
- 화공안전기술사(예문사), 산업위생관리기술사(예문사)
- 산업안전기사(예문사), 산업안전산업기사(예문사), 건설안전기사(예문사),
  건설안전산업기사(예문사)
- 산업안전개론(예문사), 산업안전보건법령(예문사)

건설안전산업기사 실기 필답형+작업형

발 행 일	2014년 3월 5일 초판발행
	2015년 3월 10일 1판1쇄
	2016년 3월 10일 2판1쇄
	2017년 4월 10일 3판1쇄
	2018년 3월 10일 4판1쇄
	2019년 3월 10일 5판1쇄
	2020년 3월 30일 6판1쇄
	2021년 4월 15일 7판1쇄
	2022년 2월 25일 8판1쇄
	2023년 4월 20일 9판1쇄
	2024년 5월 20일 10판1쇄

저 자 신우균 · 김재권 · 김용원 · 서기수 지음

발 행 인 정용수

발 행 처 예문사

주 소 경기도 파주시 직지길 460(출판도시) 도서출판 예문사

T E L 031) 955 - 0550

F A X 031) 955 - 0660

등 록 번 호 11 - 76호

정 가 38,000원

홈페이지 http://www.yeamoonsa.com

ISBN 978-89-274-1930-3 14530(전 2권)